趣味科学 系列

ENTERTAINING ALGEBRA

[俄] 雅科夫·伊西达洛维奇·别莱利曼 / 著　赵丽慧 / 译

北京理工大学出版社
BEIJING INSTITUTE OF TECHNOLOGY PRESS

版权专有　　侵权必究

图书在版编目（CIP）数据

趣味代数学 /（俄罗斯）雅科夫·伊西达洛维奇·别莱利曼著；赵丽慧译. — 北京：北京理工大学出版社，2020.9（2021.1重印）
（趣味科学系列）
ISBN 978-7-5682-8698-5

Ⅰ.①趣… Ⅱ.①雅… ②赵… Ⅲ.①代数—青少年读物 Ⅳ.①O15-49

中国版本图书馆CIP数据核字（2020）第124241号

出版发行 / 北京理工大学出版社有限责任公司
社　　址 / 北京市海淀区中关村南大街5号
邮　　编 / 100081
电　　话 / （010）68914775（总编室）
　　　　　（010）82562903（教材售后服务热线）
　　　　　（010）68948351（其他图书服务热线）
网　　址 / http://www.bitpress.com.cn
经　　销 / 全国各地新华书店
印　　刷 / 大厂回族自治县德诚印务有限公司
开　　本 / 710毫米×1000毫米　1/16
印　　张 / 16　　　　　　　　　　　　　责任编辑/龙　微
字　　数 / 200千字　　　　　　　　　　　文案编辑/龙　微
版　　次 / 2020年9月第1版　2021年1月第2次印刷　责任校对/刘亚男
定　　价 / 49.80元　　　　　　　　　　　责任印制/施胜娟

图书出现印装质量问题，请拨打售后服务热线，本社负责调换

雅科夫·伊西达洛维奇·别莱利曼（1882—1942年），俄国科普作家，趣味科学的奠基人。他没有什么重要的科学发现，也没有"科学家""学者"之类的荣誉称号，却为科普事业付出了自己的一生；他没有以"作家"的身份自居，却不比任何一位成功的作家逊色。

别莱利曼出生于俄国的格罗德省别洛斯托克市，17岁时在报刊上发表了处女作。1909年，他从圣彼得堡林学院毕业，开始从事教学与科普作品创作，并于1913—1916年间完成《趣味物理学》，为创作趣味科普系列图书打下了坚实的基础。

1919—1923年，别莱利曼亲手创办科普杂志《在大自然的实验室里》，担任该杂志的主编。1925—1932年，他担任时代出版社理事，随后组织出版了一系列趣味科普图书。1935年，他创办和主持了列宁格勒（现称圣彼得堡）"趣味科学之家"博物馆，组织了许多少年科普活动。

在反法西斯侵略的卫国战争中，别莱利曼为本国军人举办了军事科普讲座——几十年的科普生涯结束之后，他将自己最后的力量奉献给挚爱的科普事业。在德国法西斯侵略军围困列宁格勒期间，1942年3月16日，这位为世界科普事业做出巨大贡献的趣味科学大师不幸辞世。

1959年发射的无人月球探测器"月球3号"传回了月球背面照片,其中一座月球环形山后来命名为"别莱利曼"环形山,作为全世界对这位科普界巨匠的永久纪念。

别莱利曼一生笔耕不辍,仅出版的作品就有100多部。他的大部分作品都是趣味科学读物,其中多部已经再版几十次,被翻译成多种语言,如今仍然在全世界出版发行,深受全球读者的喜爱。

所有读过别莱利曼趣味科学读物的读者都为作品的优美、流畅、充实和趣味化而着迷。在他的作品中,文学语言与科学语言完美地融为一体,生活实际与科学理论也巧妙地联系在一起,他总是能把一个问题、一个原理叙述得简洁生动,精准有趣——读者常常会觉得自己不是在读书学习,而是在听各种奇闻趣事。

由别莱利曼创作的《趣味几何学》《趣味代数学》《趣味力学》《趣味天文学》和《趣味物理学》及其续篇,均为世界经典科普名著。该系列图书简洁生动、趣味盎然,很适合青少年阅读。它的最大特点:作者在分析小故事的过程中,使高深莫测的科学问题变得简单易懂,使晦涩难懂的科学原理变得生动有趣,成功勾起了读者想进一步探讨的好奇心和求知欲。

希望读者朋友们喜欢这套科普经典读物,并能从中收获快乐和知识!

第一章　001
第五种数学运算

- 第五种运算方法——乘方　/002
- 乘方带来的便利　/003
- 地球质量为空气质量的多少倍　/005
- 没有火焰和高温也可以燃烧　/006
- 天气多变的发生概率　/007
- 如何破解密码　/009
- 遇上"倒霉号"的概率　/010
- 用2累乘的结果令人吃惊　/012
- 速度高达100万倍的触发器　/014
- 计算机是如何进行计算的　/018
- 国际象棋棋局共有多少种　/021
- 自动下棋机的奥秘　/023

- 如何将3个"2"组成一个最大的数 / 025
- 用3个"3"写一个最大的数 / 026
- 如何将3个"4"组成一个最大的数 / 027
- 3个相同数字排列的奥秘 / 028
- 怎样用4个"1"写出的数最大 / 029
- 用4个"2"写一个最大的数 / 030

第二章　033

代数的语言

- 列方程的技巧 / 034
- 丢藩图活了多少岁 / 035
- 马和骡子分别驮了多少包裹 / 037
- 兄弟4人分别有多少钱 / 038
- 两只鸟的问题 / 040
- 两家之间的距离有多远 / 041
- 割草组共有多少人 / 043
- 牛在牧场上吃草的问题 / 046
- 牛顿著作中的牛吃草问题 / 049
- 时针和分针对调的问题 / 051
- 时针和分针共有多少重合点 / 054
- 猜数游戏中的奥秘 / 055
- "荒谬"的数学题 / 058
- 方程思维比我们更缜密 / 059

目录

- 稀奇古怪的数学题　/060
- 理发店里遇到的数学题　/063
- 电车发车的间隔时间　/065
- 乘木筏需要用多长时间　/067
- 咖啡的净重量是多少　/068
- 晚会上跳舞的男士有多少人　/070
- 侦察船返回需要多久　/071
- 自行车手的骑行速度　/073
- 摩托车赛事　/074
- 汽车平均行驶速度问题　/076
- 老式计算机的工作原理　/078

第三章　089

算术的好帮手——速乘法

- 速乘法知多少　/090
- 数字1、5和6的特殊之处　/093
- 数字25与76的特殊之处　/094
- 无限长的"数"　/095
- 关于补差的古代民间问题　/098
- 可以被11整除的数　/100
- 逃逸汽车的车牌号码　/102
- 可以被19整除的数　/104
- 苏菲·热门的问题　/106

- 合数的数量有多少？ / 107
- 素数的数量有多少 / 109
- 已知最大的素数 / 110
- 有时不可忽视的差异 / 111
- 算术方法有时会更简单 / 115

第四章　117

丢藩图方程

- 该怎样付钱 / 118
- 账目恢复 / 122
- 每种邮票各需要买几张 / 125
- 每种水果各需要买几个 / 127
- 怎样推算生日 / 129
- 卖鸡 / 132
- 自由的数学思考 / 135
- 怎样的矩形 / 136
- 有趣的两位数 / 137
- 整数勾股弦数的特征 / 140
- 三次不定方程的解 / 144
- 悬赏10万马克来求证费马猜想 / 148

第五章　151

第六种数学运算方法

- 第六种运算方法——开方　/ 152
- 比较数的大小　/ 153
- 一看就知道　/ 155
- 代数闹剧　/ 156

第六章　161

二次方程

- 参会人员有多少　/ 162
- 蜜蜂的数量是多少　/ 163
- 猴子的数量有多少　/ 165
- 有预见能力的方程　/ 166
- 农妇卖鸡蛋　/ 167
- 扩音器　/ 169
- 火箭飞往月球　/ 171
- 画中的"难题"　/ 174
- 找出3个数字　/ 176

第七章　177

最大值与最小值

- 两列火车之间的最近距离　/ 178
- 车站应设在何处　/ 180
- 怎样确定公路线　/ 183
- 乘积何时为最大　/ 185
- 哪种情形下和最小　/ 189
- 哪种形状的方木梁体积最大　/ 190
- 关于两块土地的问题　/ 191
- 什么形状的风筝面积最大　/ 192
- 修建房屋　/ 193
- 怎样使圈起来的面积最大　/ 195
- 怎样使截取的面积最大　/ 197
- 怎样使漏斗的容量最大　/ 199
- 怎样把硬币照得最亮　/ 201

第八章　205

级　数

- 最久远的级数　/ 206
- 运用方格纸推导公式　/ 208
- 园丁走了多少路程　/ 209
- 喂鸡　/ 211

- 挖沟 /212
- 原来苹果个数为多少 /214
- 买马需要花多少钱 /215
- 抚恤金发放 /217

第九章 219

第七种数学运算方法

- 第七种数学运算——取对数 /220
- 对数的强敌 /222
- 对数表的进化 /223
- 对数"巨人" /224
- 舞台上的速算家 /226
- 饲养场中的对数 /229
- 音乐里的对数 /231
- 对数、噪声与恒星 /233
- 灯丝的温度问题 /235
- 遗嘱里的对数 /237
- 持续增长的资金 /239
- 奇妙的无理数"e" /240
- 利用对数来"证明"2>3 /242
- 用三个数字2表示任意数 /243

第五种数学运算

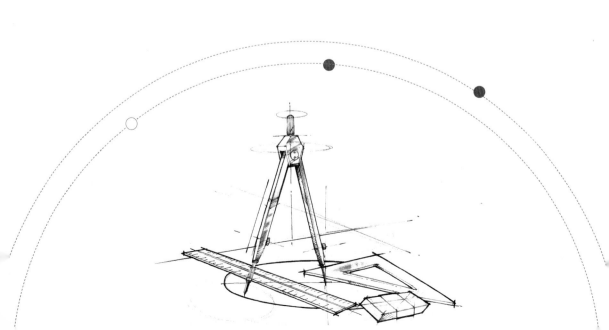

第五种运算方法——乘方

众所周知,代数运算方法一般有四种:加法、减法、乘法和除法。但你知道吗?代数被称为"一种拥有七种运算方式的算数"。因为除了加法、减法、乘法和除法,代数还有乘方及乘方的两种逆运算。

下面,我们就来了解一下被称为"第五种运算"的乘方。

值得一提的是,乘方这种运算方法来源于日常生活,而且在实际生活中使用的频率非常高。比如我们在计算面积、体积的时候,经常会用到二次方、三次方,在其他学科中也经常用到。例如,物理学中的万有引力、电磁作用、声和光的强弱,都跟距离有关,即强度与距离的二次方成反比;在太阳系中,行星绕太阳运转周期的二次方,与它跟太阳之间距离的三次方成正比,卫星围绕行星运转时也是如此。

以上例子只涉及二次方、三次方,可是,在实际运用中还可能涉及高次方。比如,工程师计算材料强度经常需要使用四次方,计算蒸汽管直径经常需要使用六次方。

计算水流对石头的冲击力度也需要六次方。比如,河流A的水流速度是河流 B 水流速度的 4 倍，则河流 A 对河床中石头的冲击力度就是河流 B 的 4^6=4096 倍。针对该问题，本书系列丛书《趣味力学》第九章会有详细论述。

我们在研究灯泡钨丝亮度与温度的关系时，会运用更高层次的运算。这里有一个理论：当钨丝处于白热状态时，总亮度增加倍数是绝对温度（从零下273℃开始计算的温度）增加倍数的12次方；当钨丝处于炽热状态，倍数将高达30次方。举个例子，倘若一物体的绝对温度从2000K升高到4000K，也就是原来温度的两倍，则亮度增加到原来亮度的2^{12}=4096倍。这一理论对于制造灯泡具有重要意义，我们将在后文详细探讨。

乘方带来的便利

第五种运算在天文学中的应用最为广泛，研究宇宙时经常会涉及数值非常大的天文数字。通常这类天文数字只有一两位有效数字，后面跟的是一长串数字0。如果按照普通计数，表示和运算天文数字都会非常不方便。例如，按照普通计数方法，从地球到仙女座星云的距离应为：

95 000 000 000 000 000 000千米

上述数值单位为千米，而天文计算一般需要将单位换算成厘米，所以我们需要在上面数字后面再加5个0，即：

9 500 000 000 000 000 000 000 000

这是一个非常大的数值，而实际上恒星质量远大于这个数值。比如，如果以克为单位表示太阳的质量的话，数值为：

1 983 000 000 000 000 000 000 000 000 000 000

如果用这类方法进行表示和运算，很容易把后边的0弄错，更何况实际运用会遇到更大的数值。

这时候，第五种运算方法便有了明显的优越性。我们都知道，对于1后跟很多0的数值，一般会用10的n次方来表示。例如：

$10=10^1$，$100=10^2$，$1000=10^3$，$10000=10^4$，…

同理，前文两个数值可以表示如下：

9 500 000 000 000 000 000 000 000 $=95\times 10^{23}$

1 983 000 000 000 000 000 000 000 000 000 000 $=1983\times 10^{30}$

如此，不仅书写更加方便，而且运算也更为容易。举个例子，如果对上述两个数值进行乘法运算，便可列式如下：

（95×10^{23}）×（1983×10^{30}）$=95\times 1983\times 10^{(23+30)}=188385\times 10^{53}$

如果我们不用乘方运算，两数相乘而得到的数会有多达53个0！这不仅会带来书写麻烦，而且可能漏写0。

地球质量为空气质量的多少倍

为了更加深刻地体会到乘方在"天文数字"运算中的重要作用,我们再举个例子:计算地球质量是其周围空气质量的多少倍。

我们首先要知道的是,地球表面每平方厘米所受的空气压力约为1千克,即地球表面每平方厘米支撑的空气柱质量是1千克左右。按照这个思路,地球周围的空气可以看作许多类似空气柱的组合。由此,算出地球的表面积,就能得出空气柱数量,进而得出地球周围空气的总质量。根据资料可知,地球表面积约为51000万平方千米,也就是$51×10^7$平方千米。

1千米是1000米,1米是100厘米,1千米就是10^5厘米,而1平方千米就是$(10^5)^2=10^{10}$平方厘米。因此,地球表面积又可表示为:

$$51×10^7×10^{10}=51×10^{17}(平方厘米)$$

该数值即可作为地球周围空气的质量,单位为千克,若将其换算为吨,就是$51×10^{17}÷10^3=51×10^{14}$吨,地球质量大约是$6×10^{21}$吨,二者的比值是:

$$6×10^{21}÷(51×10^{14})≈10^6$$

因此，地球质量是其周围空气质量的一百万倍，也就是说，周围空气质量仅为地球质量的百万分之一。

没有火焰和高温也可以燃烧

我们都知道，木头、煤炭具备较高温度就会燃烧的特点。化学家们指出，燃烧是因为碳元素与氧元素发生了化合反应。其实，这类化合反应在任何温度下都会发生，只是在常温条件下反应速度比较慢，慢到人类的眼睛几乎观察不到。化学反应定律指出，温度每降低10℃，反应速度就会减缓$\frac{1}{2}$。

根据上述定律，我们可以研究一下木头与氧气发生的化合反应。假设火焰温度为600℃时燃烧1克木头需要1秒钟，如果温度为20℃，燃烧同样重量的木头需要多长时间？

温度从600℃下降到20℃，下降幅度为580℃，即下降了10℃的58倍，所以反应速度就是原来的$\left(\frac{1}{2}\right)^{58}$，即该温度下燃烧这1克木头需要$2^{58}$秒。

这个时间究竟有多长呢？当然，我们没有必要非把这个数字精确地计算出来，可以大概估算一下。我们知道：

$$2^{10}=1024\approx10^3$$

所以

$$2^{58}=2^{60-2}=2^{60}\div 2^2=\frac{1}{4}\times 2^{60}=\frac{1}{4}(2^{10})^6\approx\frac{1}{4}10^{18}$$

一年大约是3000万秒，即3×10^7秒，因此：

$$\frac{1}{4}\times 10^{18}\div(3\times 10^7)=\frac{1}{12}\times 10^{11}\approx 10^{10}（年）$$

也就是100亿年！在20℃的温度下，燃烧1克木头大概需要100亿年！

反应速度如此之慢，难怪我们察觉不到。但是，如果我们使用取火工具，这个缓慢的过程会加快上万倍，甚至更快。

天气多变的发生概率

【问题】假如我们讨论天气的时候，只用有没有云作为区分标准，那么只会有晴天和阴天两种情况。

那么，在多长时间内，天气变化情况完全不重复呢？

大体估算一下，应该用不了多长时间，最多两个月，阴天与晴天的所有组合大抵都能产生，之后这些组合总有一个会重复出现。

那么，真的是这样吗？下面，我们将用第五种数学运算方法，计算这种分类方法下，产生的不同组合的数量。

【解答】首先，我们看看一个星期内产生的不同的阴晴组合形式。

第一天可能是晴天，可能是阴天，有2种情况。

同理可得，第二天也是2种情况。所以前两天产生2^2阴晴组合形式，分别是：两天都为晴；第一天阴，第二天晴；第一天晴，第二天阴；两天都为阴。

那么，前三天的阴晴组合是什么呢？第三天同样会出现2种情况，与前两天产生的情况结合在一起，就可以得到前三天的阴晴组合形式，即$2^2 \times 2 = 2^3$。以此类推，前四天的阴晴组合形式是$2^3 \times 2 = 2^4$；前五天的阴晴组合形式是2^5；前六天的阴晴组合形式是2^6；而一周内的天气组合形式是$2^7 = 128$。

也就是说，天气变化完全不同最多需要连续经过128周。128周以后，128种组合中的一种会再次出现。当然，在128周期间，也许已经出现了重复情况，我们所说的128周只是一个最长的期限，超过这个期限必然会重复，在这个期限内完全不重复只有极小极小的概率。

如何破解密码

【问题】某单位忘记保险柜密码,无法打开保险柜。保险柜上有一个密码锁,由5个带有字母的圆环组成,每个圆环上有36个字母,只有将5个圆环上的字母组成某个单词,才能打开密码锁。如果想不破坏保险柜打开密码锁,就得把圆环上字母的所有组合都试一遍,假设一个单词组合需要3秒,花费10个工作日能打开这个密码锁吗?

【解答】我们先计算一下字母组合共有多少种。

首先从两个圆环入手,每个圆环上有36个字母,从两个圆环中分别任意选出一个字母进行组合,组合形式有:

$$36 \times 36 = 36^2 \text{(种)}$$

任意选取上述一个组合与第三个圆环上的任何一个字母搭配,组合形式有:

$$36^2 \times 36 = 36^3 \text{(种)}$$

以此类推,四个圆环的字母组合形式是36^4种,5个圆环的字母组合形式是$36^5 = 60\ 466\ 176$种。每搭配一个组合花费3分钟,若将所有组合形式都搭配一遍，需要耗时：3×60 466 176=181 398 528（秒）。

若将上述数值换算成小时，为：

$$181\ 398\ 528 \div 3\ 600 \approx 50\ 388（小时）$$

按每天工作8小时计算，需：

$$50\ 388 \div 8 \approx 6300（天）$$

相当于17年！

而通过10个小时解开密码锁的概率为 $\dfrac{10}{6300}$，即 $\dfrac{1}{630}$，组合正确的概率实在太小了！

遇上"倒霉号"的概率

【问题】有个人特别迷信，非常忌讳数字"8"。有一天，他买了一辆自行车，担心碰到带数字"8"的车牌。于是开始计算：

车牌数字肯定是0，1，2，……，9这10个数字中的几个数字，其中，"8"只有一个，那么碰到倒霉号"8"的概率为 $\dfrac{1}{10}$。

这个答案对吗？

【解答】自行车车牌号是6位数字，这其中每位都有可能是0，1，2，……，9中的任意一个，组合形式为10^6个，除去000000不能作为车牌号，还剩999999个：

$$000001, 000002, \cdots\cdots, 999999$$

那没有"8"的幸运号共有多少呢？如此，第一位数字是除"8"以外另9个数字（0，1，2，3，4，5，6，7，9）中的任意一个；第二位数字也是如此。所以，前2位数字产生的幸运组合是"$9 \times 9 = 9^2$"种。第三位同样会出现9种可能，这样一来，前三位的"幸运数"组合为$9 \times 9^2 = 9^3$种。车牌号共6为位数，以此类推，6位数产生的"幸运数"排列组合为9^6个，其中，000000这一号码不能作为车牌号。所以，"幸运号"有$9^6 - 1 = 531440$个。而自行车车牌号的所有组合形式是999999，"幸运号"在当中所占的比例要比53%多一些，也就是"倒霉号"所占的比例将近47%，比买车人计算的10%高出许多。

而如果车牌号是7位，"倒霉号"在车牌号码的所有组合形式中所占的比例就会比"幸运号"多一些。读者如果感兴趣，可以自己算一下。

用2累乘的结果令人吃惊

用2累乘一个数值不大的数,不需要累乘太多次,得到的数值就会非常大,比如下面这个例子。

【问题】大约每隔27小时,草履虫会由一个分裂成两个。假设分裂出来的草履虫都能成活,那么需要多长时间,由一只草履虫分裂出来的所有后代的体积与太阳的体积一样大?

如果一只草履虫分裂的后代都能存活,那么分裂40代以后,它们的体积约为1立方米,而太阳的体积约为10^{27}立方米。

【解答】依据给定条件,我们可以将问题转化如下:用2累乘1立方米多少次,才能得到10^{27}立方米?

因为$2^{10} \approx 1000$,所以,我们可以用以下式子来表示10^{27}:

$$10^{27} = (10^3)^9 \approx (2^{10})^9 = 2^{90}$$

也就是说,在40代基础上再分裂90代,也就是130代,才能与太阳的体积一般大。而分裂130代约花费147天,计算如下:

$$27 \times 130 = 3510 \text{(小时)}$$

$$3510 \div 24 = 146.25（天）\approx 147（天）$$

曾经有一位微生物学家观察草履虫的分裂过程，从第一次分裂开始观察到分裂8061次。如果分裂过程中所有的草履虫都存活下来，那么经过8061次分裂后，它们所占的体积是多少呢？如果有兴趣，不妨自己计算一下。

针对这一问题，也可以逆向思考。假设太阳可以分裂，由一个分成两半，每一半再分裂成各自的两半，如此循环往复，那么，经过多少次分裂以后，形成的颗粒是和一只草履虫的体积一般大？

答案当然还是130次。可能有人质疑：次数这么少可信吗？是的，可信。

这样的例子还有很多。如，把一张纸对折剪开，然后再对折剪开，假设可以一直重复下去，那么，经过多少次以后，剪出的纸张（颗粒）与原子一般大？

若一张纸的质量是1g，原子的质量是$\dfrac{1}{10^{24}}$g。因为
$$10^{24} = (10^3)^8 \approx (2^{10})^8 = 2^{80}$$

所以说，答案是80次。根本不像有些人以为的需要剪几百万次。

速度高达100万倍的触发器

触发器是一种电子装置,主要由两个电子管组成,类似于收音机里的电子管。电流通过触发器时会通过其中一个电子管,可能是左边的,也可能是右边的。触发器有四个接触点,两个用来接收外部脉冲(短暂的电信号),另外两个用来输出回答脉冲。输入外部脉冲的瞬间,触发器就会"翻转",原本导通的电子管变成闭合状态,电流转而进入另一个电子管。当右边电子管闭合、左边电子管导通的瞬间,触发器就会输出回答脉冲。

为了观察触发器如何工作,我们给触发器连续不断地输入脉冲,并根据右边的电子管来确定触发器的状态:当右边的电子管闭合时,设定触发器是"0状态";当右边的电子管导通时,设定触发器是"1状态"。

如果触发器的初始状态为"0状态",即右边的电子管闭合(如图1-1所示),那么输入第一个脉冲后,右边的电子管导通,触发器翻转成"1状态"。此时,触发器不会输出回答脉冲,因为左边的电子管并未导通。接下来我们输入第二个脉冲时,左边的电子管导通,触发器变为"0状态",输出回答脉冲。显然,输入两个脉冲之后,触发器回到原始状态。接着,继续输入一个脉冲,触发器变成"1状态",再输入第四个脉冲,触发器又变成"0状态"并输出回答脉冲……也就是说,每输入4个脉冲,触发器的状态会有一个循环。

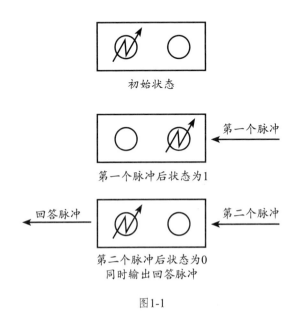

图1-1

假设将多个触发器顺次连接(如图1-2所示),给第一个触发器输入脉冲信号,将其回答脉冲输出给第二个触发器,第二个触发器再将其回答脉冲输出给第三个触发器,以此类推。

那么,这些触发器是如何工作的呢?

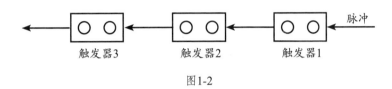

图1-2

假设一共有5个触发器,最初都为"0状态",标记为"00000"。给最右边的触发器输入第一个脉冲后，其状态变为"1状态"，但由于没有回答脉冲，其余4个触发器依旧是"0状态"，可标记为"00001"。接着，我们输入第二个脉冲，最右边的触发器翻转为"0状态"，同时输出回答脉冲给相邻的触发器，相邻的触发器翻转，成为"1状态"，其他触发器没有接收到回答脉冲，处于"0状态"，可标记为"00010"。紧接着输入第三个脉冲，最右边的触发器又会翻转而不输出回答脉冲，其他触发器状态不变，状态为"00011"。输入第四个脉冲时，最右边的触发器翻转，输出回答脉冲，该脉冲进而使相邻触发器旋转并输出回答脉冲，这一回答脉冲使得右数第三个触发器发生翻转，状态为"1"，此时的总体状态可标记为"00100"。

如此循环，我们得到如下数据：

输入第1个脉冲后的状态为：00001

输入第2个脉冲后的状态为：00010

输入第3个脉冲后的状态为：00011

输入第4个脉冲后的状态为：00100

输入第5个脉冲后的状态为：00101

输入第6个脉冲后的状态为：00110

输入第7个脉冲后的状态为：00111

输入第8个脉冲后的状态为：01000

……

由此可见，触发器连接在一起可以对外部脉冲进行"计数"，而且是一种特殊的计数方式。通过观察不难发现，此类通过脉冲信号"计数"的方法，其实就是二进制计数法。

二进制以"0"和"1"表示所有数字。与十进制有所不同，二进制后一位的"1"是前一位"1"的2倍，而不是10倍。二进制转化成十进制需要一定的技巧：二进制数从右至左分别是第0位，第1位，第2位……转化成十进制时需要每一个二进制数分别乘以2的n次方，而n就是二进制的位数。例如，如果将二进制数"10011"转化为十进制，就是$1\times2^0+1\times2^1+0\times2^2+0\times2^3+1\times2^4=19$。

需要注意的是，触发器每翻转一次，也就是每输入一个脉冲信号，只需要一亿分之几秒的时间。如今，计数触发器可在1秒之内"计算"1000多万个脉冲。即使眼睛能够辨别得非常快，也大概需要0.1秒才能识别变换的信号，可以说，跟人类相比，它快了将近100万倍。

如果按照上述方法连接20个触发器，输入的脉冲信号可以用20位的二进制表示，可以"计数"到$2^{20}-1$，这个数比100万还大。而如果连接64个触发器，那就可以"计数"著名"的象棋数字"2^{64}了。

触发器在1秒内"计数"几百万个信号，这在核物理研究中有着非常重要的意义。例如，原子裂变时释放的粒子数量多得惊人，数目非常大，采用上述方法计数便可迎刃而解。

计算机是如何进行计算的

触发器还可以进行数的运算。下面，我们来看看它如何进行加法运算。

把三排触发器按照图1-3所示连接起来，第一排触发器用来记被加数，第二排用来记加数，第三排用来记二者之和。当上面两排触发器的状态为"1"时，会分别向第三排触发器输出脉冲信号。

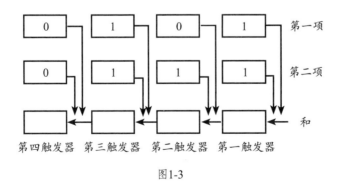

图1-3

由上图可以看出，前两排触发器记下的两个二进制数值是101和111。第三排的第一触发器从前两排的第一触发器分别得到一个脉冲信号，也就是说，第三排的第一触发器共得到两个脉冲信号。根据前面的分析，第三排的第一触发器依旧处于"0状态"，同时会给第三排的第二触发器输出一个回答脉冲。另外，第三排的第二触发器还会从上面得到一个回答脉冲，此触发器共得到两个脉冲信号，处于"0状态"，并输出一个回答脉冲给第三排的第三触发器。除了得到这个脉冲，第三排的第三触发器还从上面各得到一个脉冲，共得到3个脉冲，状态为"1"，同时输出一个回答脉冲——第三排的第四触发器只得到这一个脉冲，状态为"1"，以上过程就是二进制数的加法运算，即：

$$\begin{array}{r} 101 \\ +111 \\ \hline 1100 \end{array}$$

将其换算为十进制，就是5+7=12。图3第三排触发器输出的回答脉冲相当于"竖式"加法运算的进位。如果每排触发器是20个，或者大于20个，就可以计算百万级甚至千万级数的加法。

有一点需要我们注意，运用触发器进行加法运算的装置在实际运用过程中要比图示复杂一些，信号会存在"延迟"的情况，需要借助一些装置来解决。例如，将图3装置接通时，前两排的触发器同时输出脉冲给第三排的第一触发器，两个脉冲极易混淆，所以必须一先一后到达，即"延迟"到达。这样一来，如果将延迟装置考虑在内，两数相加就比单纯计数所用的时间多一些。

如果把上述方案改造一下，不但可以进行减法运算，也可以进行乘法运算和除法运算。事实上，乘法运算可以看作连续的加法运算，所以花费的时间比加法运算多一些。

上面所说就是现代计算机的计算原理。计算机每秒可运算1万甚至10万多次,未来其运算速度会达到百万次、上亿次。很多人觉得运算速度这么快并没有什么意义,计算一个15位数的平方,用 $\frac{1}{1000}$ 秒还是用 $\frac{1}{4}$ 秒好像没有什么不同。

那么,超快的运算速度真的没有什么意义吗?我们可以先看看下面这个例子:一位棋艺高超的象棋选手,落子之前要在脑海中考虑几十种甚至上百种可能的情况。如果思考一种情况花费几秒的时间,那么思考上百种情形需要花费几分钟、几十分钟,思考时间会占据大部分比赛的时间,尤其当棋手应对复杂棋局时因时间不够,不得不草草落子。然而,如果使用计算机分析落子方案,在一秒时间内就可以运算上万次,分析走棋方案不过是眨眼之间的事,比赛时间相当充足。

也许会有人质疑,棋手是在思考,计算机是在计算,下棋和计算根本不是一码事!关于这个问题,会在后面的文章中进行详细分析。

国际象棋棋局共有多少种

国际象棋棋局到底有多少种呢？鉴于我们只是想让读者了解这是一个庞大的数字，所以不需要精算，只简单地估算一下。在《游戏的数学和数学的游戏》中有这样一段文字：

白方有8个卒和2个马，每个卒可朝前走一个格或者两个格，共计16种走法，每个马有2种走法，共计4种走法，因此白方第一步共有16+4=20种走法。同样，黑方第一步也有20种走法。黑、白两方分别走出第一步后，能产生20×20=400种棋局。

走完第一步后，走法就更多了。如果第一步白方走的是$e2$-$e4$，那么第二步会有29种走法，则第三步面临的走法会更多。比如，王后在$d5$格中，接下来的走法只有空格，有27种走法。为了计算更简单，我们暂取平均数进行计算：

假设双方的前5步中，每步的走法都是20种，接下来每一步的走法是30种。若比赛双方各走了40步，那么在这盘比赛中，所有可能的棋局数目为：

$$(20\times20)^5\times(30\times30)^{35}$$

我们可以将上述列式变形，取其近似值：

$(20\times20)^5\times(30\times30)^{35}=2^{10}\times10^{10}\times30^{70}=2^{10}\times3^{70}\times10^{80}\approx10^3\times3^{70}\times10^{80}=10^{83}\times3^{70}$

因为$2^{10}\approx1000=10^3$，上式用10^3来代替2^{10}。

对3^{70}可以进行下面的近似变形：

$$3^{70}=3^{68}\times3^2\approx10\times(3^4)^{17}\approx10\times80^{17}$$
$$=10\times8^{17}\times10^{17}=2^{51}\times10^{18}$$
$$=2(2^{10})^5\times10^{18}\approx2\times10^{15}\times10^{18}$$
$$=2\times10^{33}$$

进而得出

$(20\times20)^5\times(30\times30)^{35}\approx10^{83}\times2\times10^{33}=2\times10^{116}$

据说发明象棋的人被赐予的麦粒数为（$2^{64}-1$），近似于18×10^{18}，而象棋所有可能的棋局数要远远大于这个数字。假设地球上的所有人每天连续下棋24小时，每走一步棋需要1秒，想走一遍所有可能的棋局，需要花费约10^{100}个世纪的时间。

自动下棋机的奥秘

我们知道，棋子在棋盘上有无数个不同组合，真是数也数不清。如果说，历史上曾经出现过自动下棋的机器，你信吗？恐怕大多数人会觉得不可思议，怎么可能制造出来那种机器，也太神奇了吧？

其实，那只是人们的美好愿望，截止到本书完稿之时，并没有出现过真正的下棋机。有一位匈牙利机械师沃里弗兰克·冯·坎别林，因发明自动下棋机而声名远扬。据说他在皇宫展示了自动下棋机，还在巴黎和伦敦举行过展览，拿破仑曾想与那台机器一决胜负，并坚信自己能战胜它。19世纪中叶，自动下棋机被运到美国，后来在一场大火中化为灰烬。

据说当时也出现过其他的自动下棋机，但都没有那台自动下棋机名声大。而后，人们信心十足，一直致力于发明能进

国王	+200分
王后	+9分
车	+5分
象	+3分
马	+3分
卒	+1分
落后卒	-0.5分
被困卒	-0.5分
并卒	-0.5分

图1-1

行运算的机器。

事实上,当时根本不可能有真正实现自动运算的下棋机,通常在机器里藏着一位棋手,由这位棋手来落棋。自动下棋机看似像模像样,说白了只是内部空间大,不过是装着一些复杂机械零部件的大箱子。大箱子里装着棋子和棋盘,通过一个木偶手来移动棋子。

每次下棋之前,要给围观的人群展示一下机器的内部,当然,大家只看到里面的机器零件,并不知道空间充足的机器内部完全可以隐藏一个会下棋的矮个子,在展示时悄悄地挪动自己的位置。据说,著名的棋手约翰·阿尔盖勒和威廉·刘易斯都曾充当过机器的"枪手"。自动下棋机在当时只是一个摆设,那些机械装置不过是为了欺瞒观众,并没有什么实际作用,完全没有必要对其心存恐惧或觉得神奇。

不过,随着科技不断地发展,生活中已经出现了能够自动下棋的机器,也就是我们前面提到的计算机。它能在1秒时间至少运算几千次,甚至更多。那么,计算机究竟是如何工作的呢?

实际上,计算机除了运算什么都不会,它的所有工作都基于运算。我们也可以事先编写一些程序,让计算机按照程序运算。

数学家编写程序规则,借鉴的是下棋战术,而下棋战术都是根据走棋规则制定的,每个棋子对应的位置都有最佳唯一路线。如表1-1所示就是一种下棋的战术,并对每个棋子规定了一定的分值。

另外,在编写程序时,还应依据一定的原则来衡量棋子所处位置的优劣。比如,棋子位于中间还是边上,棋子的灵活度怎么样等。位置优劣也占有一定的分值,一般来说这个分值不足1分。最后,把白、黑两方总分相减,所得的差就是双方在棋局上的优劣:差值为正数,白方占据优势;差值为负数,则黑方占据优势。

计算机在运算时，通常只是计算三步之内的差数，并且判断怎样让差数的改变值最大化，从而在这三步的所有组合中选择一个最佳方案，并用卡片打印出来，就算走完了一步①。计算机的运算速度极快，根本不会出现时间不够用的情况。

不过，如果计算机只能"想出"后面紧接着的三步棋，就不能称为一个好"棋手"②。随着计算机技术的发展，计算机"下"棋的本领肯定会愈加精湛。

关于下棋的程序本书不做详述。下一章会讨论几个比较简单的运算程序。

如何将3个"2"组成一个最大的数

【问题】怎么用3个数写出一个数值最大的数？想必大家都很清楚。例如，用3个9写出一个数值最大的数字，则：

---

① 战术形式多样，这只是其中的一种形式。一旦战术不一样，计算机的下棋方法也就不同。
② 一个水平高超的棋手，一般会考虑接下来至少10步的情形。

$$9^{9^9}$$

这就是9的第三级"超乘方"。

这个数值究竟有多大呢？可以说，我们无法借助什么东西来理解这个数值有多大，即使将全宇宙的电子加起来，得到的数字跟它比起来都不值得一提。

那么，如何不使用运算符号，把3个2写成尽可能大的数呢？

【解答】因为我们列举了3个9的例子，许多读者会想到下面的写法：

$$2^{2^2}$$

而事实很可能让读者失望，因为得到的数字并不大，结果是2^4，也就是16，要比222小得多。

所以，如果想用3个2写成一个最大的数，不是222这种写法，也不是$22^2=484$这种，而是

$$2^{22}=4194304$$

本节例子很有启发性——用类推法解决数学问题很可能被误导。

用3个"3"写一个最大的数

【问题】在不使用运算符号的情况下，怎样将3个3写成尽可能大的数

呢？按照前文所述，解决这个问题会更容易。

【解答】我们先采用三级"超乘方"的方法，得到：
$$3^{3^3}=3^{27}$$
然而，3^{27}比3^{33}要小，所以3^{33}是最大的数。

如何将3个"4"组成一个最大的数

【问题】把3个"4"写成尽可能大的数，不能使用任何运算符。

【解答】如果读者还是按照3个"3"的方法来写，那么又会被类推法误导了，因为：
$$4^{44}$$
比下面的三级"超乘方"
$$4^{4^4}$$
要小。$4^4=256$，而$4^{4^4}=4^{256}$，这个数显然大于4^{44}。

3个相同数字排列的奥秘

读者对于前面讲的几个例子可能有所困惑：为什么有些数字用三层的写法最大，而有些数字却不能采取这种方法？我们可以更深入地探讨这个问题。首先看看下面的一般情形。

不使用运算符号，用3个相同的数写出一个尽可能大的数。

来看下面的写法：

$$2^{22},\ 3^{33},\ 4^{44}$$

用字母代替数字可表示为

$$a^{10a+a}=a^{11a}$$

a 三级"超乘方"可以表示为

$$a^{a^a}$$

当 a 取值为何时，用三层写法得到的数 a^{a^a} 比 a^{11a} 大呢。

因为 a^{a^a} 与 a^{11a} 是底数相同的整数，所以只需比较它们指数的大小就可，指数大的，得到的数也就越大。以上问题可总结为求解下面的不等式：

$$a^a > 11a$$

不等式两端都除以 a，可得：

$$a^{a-1} > 11$$

采取代入法，可得，当 $a>3$ 时，$a^{a-1}>11$ 成立。

例如，当 $a=4$ 时，$4^{4-1}>11$，显然是成立的，而 3^{3-1}，2^{2-1} 都比11小。

由此可得：当这个数为2或3时，采用 a^{11a} 的写法写出来的数最大；而当这个数大于等于4时，采用三层写法写出的数最大。

怎样用4个"1"写出的数最大

【问题】如何在不使用运算符号的情况下，将4个1写成尽可能大的数？

【解答】有读者可能想到1111，但这个数并不是最大的。

而

$$11^{11}$$

可比1111可大多了。至于这个数的大小，只需要把11连续累乘10次即可。我们也可以通过查阅对数表得到这个数的近似值。

事实上，这个数比2850亿还要大，也就是说，11^{11} 比1111大25000万多倍。

用4个"2"写一个最大的数

【问题】接着,我们来看看4个2怎么写出最大的数。

在不使用运算符号的情况下,把4个2写成尽可能大的数,具体应该怎么写呢?

【解答】4个2的所有写法共有8种,具体如下:

$$2222,\ 222^2,\ 22^{22},\ 2^{222},$$

$$22^{2^2},\ 2^{22^2},\ 2^{2^{22}},\ 2^{2^{2^2}}$$

那么,究竟哪个数是最大的呢?

先看第一排的4个数,用两层写法得到的数。

第一个数字2222,比后面3个数都要小。接着比较一下222^2和22^{22}。

将22^{22}变换如下:

$$22^{22}=22^{2\times 11}=(22^2)^{11}=484^{11}$$

484^{11}的底数和指数都要比222^2大得多,所以说,$22^{22}>222^2$。

再比较22^{22}和2^{222}。取一个比22^{22}更大的数32^{22},而32^{22}要比2^{222}小。证明如下:

$$32^{22}=(2^5)^{22}=2^{110}$$

这个数字要比2^{222}小很多。

因此，2^{222}在第一行的4个数中是数值最大的。

接下来比较第二行中的4个数：

$$22^{2^2},\ 2^{22^2},\ 2^{2^{22}},\ 2^{2^{2^2}}$$

最后一个数相当于2^{16}，肯定不是最大的，直接淘汰。再看$22^{2^2}=22^4$，它小于$32^4=2^{20}$，显然也比中间的两个数小。因此，我们只比较以下3个数的大小即可：

$$2^{222},\ 2^{22^2},\ 2^{2^{22}}$$

上述三个数都是以2为底，因此，可以只比较它们的指数大小：

$$222,\ 484和2^{22}$$

显然2^{22}比222和484都要大。

所以说，用4个2写成的最大的数是$2^{2^{22}}$，我们可以估算一下这个数有多大。

由于

$$2^{10}\approx 1000=10^3$$

而

$$2^{22}=(2^{10})^2\times 2^2\approx 4\times 10^6$$

所以

$$2^{2^{22}}\approx 2^{4\times 10^6}=(2^{10})^{400000}\approx 10^{1200000}$$

也就是说该数的位数大于100万。

代数的语言

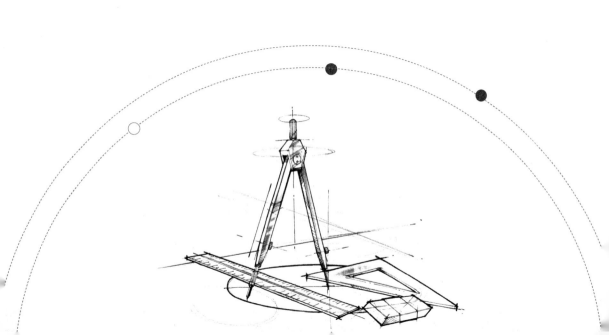

列方程的技巧

代数的语言就是方程。牛顿在《普遍的算术》一书中写道:"如果一个问题的数量间存在着抽象关系,那么,只需要把通俗的语言换成代数的语言,问题便可迎刃而解。"那么,具体应该如何操作呢?牛顿列举了一些例子,其中一个例子如表2-1所示:

问题的语言	代数的语言
商人原本有一笔钱	x
第一年商人花了100英镑	$x-100$
又补充了剩余钱数的三分之一	$(x-100)+\dfrac{x-100}{3}=\dfrac{4x-400}{3}$
第二年商人仍旧花了100英镑	$\dfrac{4x-400}{3}-100=\dfrac{4x-700}{3}$
又补充了剩余钱数的三分之一	$\dfrac{4x-700}{3}+\dfrac{4x-700}{9}=\dfrac{16x-2800}{9}$
第三年商人又花了100英镑	$\dfrac{16x-2800}{9}-100=\dfrac{16x-3700}{9}$

又补充剩余钱数的三分之一	$\dfrac{16x-3700}{9} + \dfrac{16x-3700}{27} = \dfrac{64x-14800}{27}$
最后，他的钱数正好是原来的两倍	$\dfrac{64x-14800}{27} = 2x$

表2-1

通过求解方程，可以算出商人原来有多少钱。

一般来说，求解方程并不难，难的是根据题意列出方程。通过上述例子，我们得知列方程不过是把通俗语言转换成代数语言，而技巧正是暗藏于此。通过转换，可以将通俗语言变成简洁的代数语言。不过，通俗语言大都是日常用语，有一些日常用语想要转换成代数语言并非易事，其难易程度则根据具体情况各不相同。

大家可以通过后文的几个例子来体会一下。

丢藩图活了多少岁

【问题】丢藩图是古希腊著名的数学家，但没有任何史料记载他的生平，现在我们了解的资料都出自他的碑文，而碑文实际上是一道数学题。

问题的语言	代数的语言
过往的行人，请过来看吧！葬于此地的是丢藩图。你可以通过下面的文字推算他的寿命。	x
在生命的前六分之一，度过了幸福的童年。	$\dfrac{x}{6}$
又过了人生十二分之一，长大成人。	$\dfrac{x}{12}$
婚后，度过了七分之一的二人世界。	$\dfrac{x}{7}$
又过了5年，有了一个儿子	5
不幸的是，儿子只活了丢藩图寿命的一半	$\dfrac{x}{2}$
儿子过世后，丢藩图在郁郁寡欢中活了4年，之后也过世了。	4
现在你知道丢藩图活了多少岁了吗?	$x=\dfrac{x}{6}+\dfrac{x}{12}+\dfrac{x}{7}+5+\dfrac{x}{2}+4$

表2-2

【解答】通过方程求解，我们可以得出$x=84$，同时了解到丢藩图的以下信息：

丢藩图21岁结婚，38岁当爸爸，80岁时儿子不幸去世，84岁离世。

马和骡子分别驮了多少包裹

【问题】我们再来看一个比较经典的问题。这个问题可以很容易转换成代数语言，比较简单。

一匹马、一头骡子分别驮着沉重的包裹并排前行。马抱怨说："我的包裹太重了！"骡子说："如果把你的包裹给我一个，我背的数量就是你的两倍。如果把我的包裹给你一个，你的数量才跟我一样多，还抱怨什么呢？"

聪明的读者朋友们，马和骡子的包裹数量分别是多少呢？

【解答】

问题的语言	代数的语言
若把你的包裹给我一个	$x-1$
我背上的数量	$y+1$
是你的两倍	$y+1=2(x-1)$
若把我的包裹给你一个	$y-1$
你的包裹	$x+1$
跟我一样多	$x+1=y-1$

表2-3

如此，以上问题就变成了一个二元一次方程组：

$$\begin{cases} y+1 = 2(x-1) \\ x+1 = y-1 \end{cases}$$

即

$$\begin{cases} 2x - y = 3 \\ y - x = 2 \end{cases}$$

结果为

$$\begin{cases} x = 5 \\ y = 7 \end{cases}$$

所以，马驮了5个包裹，骡子驮了7个包裹。

兄弟4人分别有多少钱

【问题】4兄弟共有45卢布。如果把老大的钱增加2卢布，老二的钱减少2卢布，老三的变成原来的2倍，老四的减少二分之一，兄弟4人手里的钱就变得一样多。

求：4兄弟原本各有多少钱？

【解答】

问题的语言	代数的语言
4兄弟共有45卢布	$x+y+z+t=45$
将老大的钱增加2卢布	$x+2$
将老二的减少2卢布	$y-2$
把老三的变成原来的2倍	$2z$
将老四的减少二分之一	$\dfrac{t}{2}$
兄弟4人手里的钱一样多	$x+2=y-2=2z=\dfrac{t}{2}$

表2-4

我们可将最后一个方程拆分为三个方程,并与第一个方程共同得到方程组如下:

$$\begin{cases} x+2=y-2 \\ x+2=2z \\ x+2=\dfrac{t}{2} \\ x+y+z+t=45 \end{cases}$$

最终可得:

$$\begin{cases} x=8 \\ y=12 \\ z=5 \\ t=20 \end{cases}$$

各兄弟原来的钱数是:老大8卢布,老二12卢布,老三5卢布,老四20卢布。

两只鸟的问题

【问题】河两岸分别有一棵棕榈树，它们正好隔岸相对。其中一棵高30肘尺（古代长度计量单位，约为肘关节到手指尖的长度），另外一棵高20肘尺，两树之间相距50肘尺。两棵树的树尖上分别落着一只鸟。突然，两棵树中间的河面上出现了一条鱼，两只鸟都注意到了这条鱼，并同时朝着这条鱼飞过去。如图2-1所示，两只鸟最后同时抓住了这条鱼，求：这条鱼距离30肘尺高的棕榈树的树根有多远？

图2-1

【解答】

如图2-2所示，基于勾股定理我们列式如下：

$$AB^2 = 30^2 + x^2$$

$$AC^2=20^2+(50-x)^2$$

因为两只鸟飞到A处的用时相同，可以得出AB=AC（此处假定鸟的飞行速度一样）。因此：

$$30^2+x^2=20^2+(50-x)^2$$

化简可得

$$100x=2000$$

即

$$x=20$$

也就是说，这条鱼与30肘尺高的棕榈树的树根有20肘尺的距离。

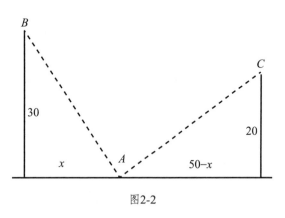

图2-2

两家之间的距离有多远

【问题】一位老医生邀请朋友来家里玩。

"好的，感谢邀请。我准备3点从家里出发，也请你那时候出门，我们会在半路上相遇。"

"年轻人，我一大把年纪了，1小时只能走3千米，但是你1小时至少能走4千米，能不能让我少走一些路呢？"

"我1小时是可以比你多走1千米，不如这样吧，我比你早15分钟出发，也就是先走上1千米，如何？""没问题。"老医生答应了。

第二天，年轻人2点45分出发，行走速度是4千米/小时。

老医生3点整出发，行走速度是3千米/小时。一段时间后，他们在路上相遇，一同返回老人的家。

年轻人回家后，计算了一下自己走过的路程，发现提前动身15分钟，他的行走路程刚好是老医生的4倍。那么，他们两家之间的距离有多远？

【解答】设两家间的距离为x千米。那么年轻人行走路程就是$2x$千米，因为老人的行走路程是年轻人路程的$\frac{1}{4}$，所以老人共走$\frac{x}{2}$千米。两个人相遇时，老人行走路程是老人走过总路程的一半，即$\frac{x}{4}$千米，而年轻人走的路程是$\frac{3x}{4}$千米。结合两人速度可知，两人相遇时老人用的时间是$\frac{x}{12}$小时，而年轻人花的时间是$\frac{3x}{16}$小时。另外，年轻人比老人提前15分钟出发，即年轻人多花了$\frac{1}{4}$小时。所以我们可以列方程如下：

$$\frac{3x}{16} - \frac{x}{12} = \frac{1}{4}$$

解方程可得

$$x=2.4$$

答案为：年轻人与老人两家相距为2.4千米。

割草组共有多少人

【问题】一个割草组（如图2-3所示）接到割两块草地的任务，其中大块草地的面积是小块草地的2倍。上午，割草组的所有人都在大草地上割草，到了下午，割草组人员一半在大草地割草，一半在小草地割草。到了晚上，大草地的草全部割完，而小草地上的草还剩下一小片，需要一个人用一天的时间割完。

如果割草组成员的割草速度相同，这个割草组共有多少人？

【解答】设割草组的人数为 x，此外，还需要借助一个辅助未知数，即每人每天能够割草的面积数，我们将其设为 y。

先用 x 和 y 表示出大块草地的面积。根据题意，上午 x 个人的割草面积为

图2-3

$$x \times \frac{1}{2} \times y = \frac{xy}{2}$$

下午，只有一半的人割剩下的草，也就是只有$\frac{x}{2}$个人，那么这些人割的面积是

$$\frac{x}{2} \times \frac{1}{2} \times y = \frac{xy}{4}$$

所以，大草地面积为

$$\frac{xy}{2} + \frac{xy}{4} = \frac{3xy}{4}$$

小块草地的面积也可以用x和y来表示。下午，$\frac{x}{2}$个人在这片草地上面割了半天，则割的草地面积是

$$\frac{x}{2} \times \frac{1}{2} \times y = \frac{xy}{4}$$

此时草地还剩下一小片，且它的面积正好是y，即一个人用一天时间割草的面积。因此，小块草地的面积是

$$\frac{xy}{4} + y = \frac{xy + 4y}{4}$$

大块草地面积是小块草地面积的2倍，所以

$$\frac{3xy}{4} = 2 \times \frac{xy + 4y}{4}$$

化简可得：

$$\frac{3xy}{xy + 4y} = 2$$

将辅助未知数y约掉，变成如下形式：

$$\frac{3x}{x + 4} = 2$$

即

$$3x=2x+8$$

解得

$$x=8$$

所以，这个割草组共有8个人。

本书第一版后，我收到A.B.齐格教授的一封信，信中提到这个问题："不能归为一道代数题，实际上它只是一道简单的算术题，用这种死板的公式求解没有什么必要。"

教授还说："我和这道题有段渊源。以前叔叔伊·拉耶夫斯基和父亲一起在莫斯科大学数学系读书。叔叔和列夫·托尔斯泰是关系非常好的朋友。在那时数学系的课程中压根没有教学法的内容，因此，学生们不得不到对口的城市中实习，跟那些有经验的中学老师一起探讨教学法。"

"他们中有一位同学叫彼得·罗夫，极具天赋和创新能力，但身患肺痨，不幸早早离世。彼得认为：课堂上的算术不会教给学生学习的能力，反而会毁了他们，过度僵化的教学模式束缚了学生的思维，使他们只能依靠固定的方法去解决固定的问题。他提出许多问题证明自己的观点，其中就有这道割草题。那些问题灵活多变，甚至难住了'富有经验的优秀中学老师'，而那些并没有接受过刻板教学的学生反而能轻易地解答出来。对于那些优秀而富有经验的中学老师来说，这道题可以利用方程式或者方程组解答，但实际上通过简单的算术方法就能解决。"

我们来看一下，怎样利用简单的算术计算来解答这道题。由于大块草地需要全组人员割半天，再加上半组人员割半天，那么半组人半天共

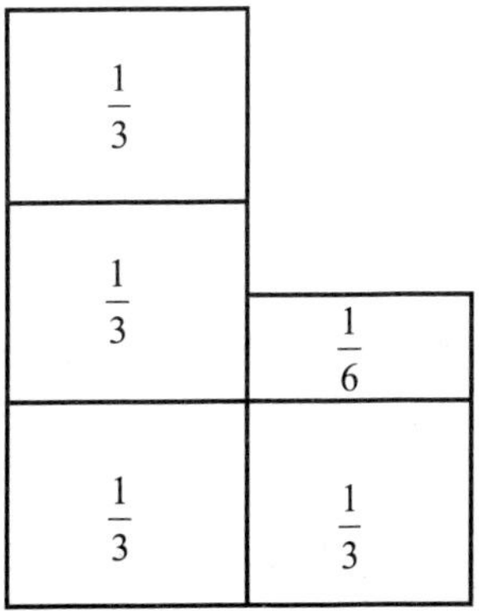

图2-4

可以割这块草地面积的 $\frac{1}{3}$。所以，小块草地剩下的面积就是 $\frac{1}{2}-\frac{1}{3}=\frac{1}{6}$，而这部分一个人一天恰好可以割完。一天时间里全组人员一共割草的面积是

$$\frac{6}{6}+\frac{1}{3}=\frac{8}{6}$$

所以，割草组的总人数为8。

托尔斯泰很喜欢这类灵活变化但又不是很难的问题。当他听到这个题目时，认为也可以通过图形的方式来求解（如图2-4所示），而且图很简单，可以一目了然。

以下再来看另外几道可以用算术方法巧妙地求解的问题。

牛在牧场上吃草的问题

【问题】牛顿在《普遍的算术》中写道："问题比规则用得多才是科学的学习。"所以，他会结合具体实例来说明阐述的一些理论。在实例当中，有一个关于牛在牧场上吃草的经典问题，以下问题就是从该问题演化而来：

"牧场上（如图2-5所示）均匀生长着牧草，密度相同且长速同步。如果有70头牛在草地上吃草，24天就可以吃完；如果有30头牛在草地上吃草，60

天才能吃完。问：如果让草地上的草能够吃96天，应该有多少头牛？"

这个问题来自契诃夫的著作《家庭教师》。老师把这个问题布置给学生后，一个学生的两位成年亲戚帮他解题，却花费很长时间没有算出答案。他们非常困惑，其中一个亲戚分析道："真让人头疼，70头牛把牧场里的草吃完需要24天，那么要在96天里把草吃完，牛的数量就是70的$\frac{1}{4}$，即$17\frac{1}{4}$头牛。肯定不对，再看后面：30头牛60天内把草全部吃完，如在96天内把草吃完，就需要$18\frac{3}{4}$头牛，也不对。另外，如果70头牛在24天内把草吃完，30头牛只需要56天就能吃完这片草，但却说需要60天。""我们忘记考虑草是一直在生长着的。"另外一个亲戚说道。

图2-5

是的，草一直在生长。如果不考虑这一点，不仅不能解出这个问题，还会发现问题的条件本身相互矛盾。那么，我们该如何解答这个问题呢？

【解答】我们需要借用一个辅助未知数，即每天长出的草与牧场上草的总量的比值。设每天长出的草是y，则24天内长出的草就是$24y$。设牧场上草的总量为1，那么24天内70头牛吃草总数为

$$1+24y$$

70头牛平均每天吃草为

$$\frac{1+24y}{24}$$

而一头牛一天吃草

$$\frac{1+24y}{24\times 70}$$

以此类推，30头牛把牧场上的草吃完需要60天，一头牛一天吃草

$$\frac{1+60y}{60\times 30}$$

每头牛每天吃草的数量相同，因此

$$\frac{1+24y}{24\times 70}=\frac{1+60y}{60\times 30}$$

可以得出

$$y=\frac{1}{480}$$

也就是说，每天新长的草是整片牧草总量的 $\frac{1}{480}$。根据这个数据，我们能够算出一头牛一天吃掉的草占牧草总量的比率是

$$\frac{1+24y}{24\times 70}=\frac{1+24\times \frac{1}{480}}{24\times 70}=\frac{1}{1600}$$

下面设牛的数量为 x，则

$$\frac{1+96\times \frac{1}{480}}{96x}=\frac{1}{1600}$$

可得

$$x=20$$

因此，要想在96天内把牧草全部吃完，共需要20头牛。

牛顿著作中的牛吃草问题

前文牛吃草问题是根据牛顿的牛吃草问题变化而来。下面,我们就来看看牛顿的那个题目。

有3个牧场,面积分别是$3\frac{1}{3}$公顷,10公顷和24公顷。3个牧场上草的长速、密度相同。在第一个牧场饲养12头牛,草可供牛吃4周;在第二个牧场饲养21头牛,草可供牛吃9周。那么,要想第三个牧场的草供牛恰好吃18周,应该饲养多少头牛?

【解答】这里我们同样需要借用辅助未知数y,用来表示1周内每公顷牧场上新长出的草占原来牧草总量的比重。先来看第一个牧场,1周后,新长出的草是原有草总量的$3\frac{1}{3}y$倍,新长出的草就是原有草总量的$3\frac{1}{3}y \times 4 = \frac{40}{3}y$倍。

相当于第一个牧场面积变大为$\left(3\frac{1}{3} + \frac{40}{3}y\right)$公顷。

即牛在4周内吃草面积为$\left(3\frac{1}{3} + \frac{40}{3}y\right)$公顷。

那么，12头牛在1周内吃草的数量为上数的 $\frac{1}{4}$，而1头牛在1周内吃掉的草就是上数的 $\frac{1}{48}$，即

$$\frac{3\frac{1}{3}+\frac{40}{3}y}{48}=\frac{10+40y}{144} \text{（公顷）}$$

也就是说，1头牛在1周内一共吃了面积为 $\frac{10+40y}{144}$ 公顷的草。

同样，我们可以计算出第二个牧场1头牛一周内能吃掉牧场上多大面积的草。

一周后，1公顷牧场上长出的草是 y；9周后，1公顷牧场上长出的草是 $9y$，而10公顷牧场上长出的草是 $90y$。

也就是说，21头牛在9周内吃掉相当于面积为（10+90y）公顷的草。

可得，1头牛1周内吃草面积是 $\frac{10+90y}{9\times21}=\frac{10+90y}{189}$ 公顷。

由于每头牛每星期的吃草量相同，所以

$$\frac{10+40y}{144}=\frac{10+90y}{189}$$

得出

$$y=\frac{1}{12}$$

据此，我们就能够计算出1头牛在1周内的吃草量：

$$\frac{10+40y}{144}+\frac{10+40\times\frac{1}{12}}{144}=\frac{5}{54} \text{（公顷）}$$

到这一步，我们就很容易解出问题答案。设第三个牧场上共有牛数为 x，那么

$$\frac{24+24\times18\times\frac{1}{12}}{18x}=\frac{5}{54}$$

解出 $x=36$。也就是说，如果想让第三个牧场的草恰好能吃18周，需要饲养36头牛。

时针和分针对调的问题

【问题】有一次，爱因斯坦生病，躺在病床上很无聊，他的朋友莫希柯夫斯基出了一道题，让他打发时间：

假设钟表表针的初始位置是12点，此时将钟表长针、短针对调，其指示时间还在合理范围内。但有些时间并不是这样，例如6点，如果我们对调表针，出现的时间就是错的，因为时针指12时，分针却不会指6。那么问题来了：当分针和时针分别在什么位置时，他们对调后所指的时间依旧合理？

爱因斯坦说："这对躺在床上的病人来说的确是个很好的问题，有趣又不失简单。不过它花不了我太多时间，我

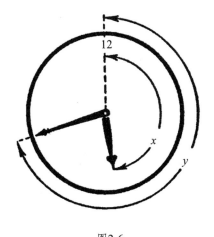

图2-6

马上就能解出答案。"

爱因斯坦一边说一边从床上坐起来，在纸上画出一个草图，解答问题用的时间甚至比朋友描述这个问题用的时间还短……

那么，他是如何做到的呢？

【解答】可以把钟表划分成60等份，并以此为单位来度量表针从12点开始走过的距离。

如图2-6所示，我们设到达所求位置时，时针从12点走过x个刻度，分针走过y个刻度。因为时针每12小时走60个刻度，每小时走5个刻度，所以走x个刻度用时 $\frac{x}{5}$。钟表从12点开始走到所求位置耗时 $\frac{x}{5}$ 小时。分针走的刻度是y个，即y分钟，也就是 $\frac{y}{60}$ 小时。即在 $\frac{y}{60}$ 小时前，分针从12点的位置经过。换言之，两个指针在12点的位置重合之后，过去的整小时数是 ($\frac{x}{5} - \frac{y}{60}$)。

($\frac{x}{5} - \frac{y}{60}$) 必定是0到11之间的整数，因为该数表示在12点以后正好过去了几个小时。

如果把两个指针对调，同理可算出从12点开始到表针所指时间花费的整小时数为 ($\frac{x}{5} - \frac{y}{60}$) 同样，该数也是一个从0到11的整数。

以上两个方程联立可得：

$$\begin{cases} \frac{x}{5} - \frac{y}{60} = m \\ \frac{y}{5} - \frac{x}{60} = n \end{cases}$$

m和n分别是从0到11的整数。解此方程组，可以得出

$$\begin{cases} x = \dfrac{60(12m+n)}{143} \\ y = \dfrac{60(12n+m)}{143} \end{cases}$$

如果把0到11中的所有整数代入m和n，就能得到两个表针指的所有位置。因为m和n各有12个数，它们的组合有144个，那么是不是有144个解呢？事实是，只有143个。因为当$m=n=0$和$m=n=11$的时候，它们所表示的是同一个时间，即12点。

我们列举两个例子来看一下，不再逐个讨论。

例1：当$m=n=1$时，

$$x = \frac{60 \times 13}{143} = 5\frac{5}{11}, \quad y = 5\frac{5}{11}$$

也即是说，当表针指向1点$5\frac{5}{11}$分时，时针、分针重合，可以进行对调。其实，所有指针重复的时刻都可以进行对调。

例2：当$m=8$，$n=5$时，

$$x = \frac{60 \times (5 + 12 \times 8)}{143} \approx 42.38, \quad y = \frac{60 \times (8 + 12 \times 5)}{143} \approx 28.53$$

对应的时间分别是8点28分53秒和5点42分38秒。

综上，该题一共有143个解。我们可以把钟表划分成143等份，得到这143个点。在这143个点上，时针、分针可以对调，而在其他点上则不能对调。

时针和分针共有多少重合点

【问题】一只表运转正常,在12小时内时针和分针共有多少重合的点?

【解答】由上一个问题分析可得,当时针、分针重合时可以对调,且对调后时间不变,所以上个问题的原理可用来求解本题。两个指针重合,意味着从12点开始它们走过的刻度一样,即 $x=y$。如此得到以下方程:

$$\begin{cases} x = y \\ \dfrac{x}{5} - \dfrac{y}{60} = m \end{cases}$$

m 是从0到11的整数。解此方程可得

$$x = \frac{60m}{11}$$

把 m 的所有12个值代入上式,即可得出答案。但是,$m=0$ 和 $m=12$ 时,指针都指向12点的位置,所以只能得到11个位置点。

猜数游戏中的奥秘

大家可能比较熟悉猜数游戏。在这种游戏中，出题人会让你事先想好一个数，然后进行一些运算，如加2，乘3，减5，再减你想的那个数等，进行5步或10步运算后，再问你计算的结果，接着，他立刻能说出你想的数是哪一个。

这类游戏看似神秘，实则非常简单，其原理就是解方程。例如，出题人让你运算表2-5的左栏部分。

事先想好的数字	x
加2	$x+2$
乘3	$3x+6$
减5	$3x+1$
减去事先想好的数字	$2x+1$
乘2	$4x+2$
减1	$4x+1$

表2-5

当你告诉游戏人运算结果，他会立刻说出你事先想好的数字。

他是如何做到的？

方法其实很简单，请看表2-5右边一栏。出题人事先把让你进行的运算转换成代数的语言，设你事先想好的数字为x，通过以上所有运算得到的数就是

（4x+1）。

例如，你告诉出题人运算出的结果是33，出题人在心里解方程4x+1=33，得到x=8。就算你说的是其他数字，对方也能利用方程迅速得到答案。

所以说，这个游戏非常简单。怎样根据结果计算出你事先想好的那个数字，出题人其实事先就想好了。

厘清了这一点，我们可以改进一下问题，增加问题的难度，也增加问题的趣味性。比如，让做游戏的人自己决定运算方法出题。具体而言，让该出题人预先想好一个数再进行任意运算，这其中最好不要用除法，否则会将游戏复杂化；之后，加上、减去某个数字，例如加2，减5；再乘以某个数，如乘以2，乘以3；然后再加上或减去那个预先想好的数字……出题人必定会进行很多次运算把你搞晕。

举个例子，如果出题人事先想好的数字是5，他说："首先，乘以2，再加上3，然后加上刚才我想的那个数，再加上1，乘以2，然后减去刚才想的那个数，再减去3，继而减去刚才想的那个数，之后再减去2。最后，我再乘以2，加上3。"

出题人一定认为把你搞晕了，自信地说："得出的最终结果是49，那我事先想好的那个数是多少呢？"当你立刻说出结果是5，他必定非常惊讶。通过前面的分析，想必你一定知道如何计算。当出题人说想好一个数，你可以把该数设为x，将他的运算语言转换成代数语言。如当他说"乘以2"，你就可将其转化为2x；当他说加上"3"，你将其转化为（2x+3）等。他把这些运算说完，自以为把你搞晕了。而你却已经得出了一个含有x的算式，中间的所有运算，你一个都没漏。如表2-6所示。

出题人说完运算过程，你得到一个代数语言（8x+9）。当出题人说："最后的计算结果是49"时，你就会立马得到一个方程8x+9=49。通过解此方程，很轻易得出答案，$x=5$。

于是你可以立刻告诉出题人，他事先想好的数字是5。

这个游戏跟前面的游戏相比更有意思。因为出题人所做的运算不是你告诉他的，而是他自己想的，他想怎么运算就怎么运算。

当然这个游戏也会出现失误的情况。例如，你的朋友说了很多步运算之后，你得到的是$x+14$，他又继续说："再减去事先想好的数，最后得到的结果是14。"这样你跟着他继续转化，$(x+14)-x=14$。可此时你并没有得到方程，只得出

我想好了一个数字	x
乘以2	$2x$
加上3	$2x+3$
加上我刚才想的那个数字	$3x+3$
加上1	$3x+4$
乘以2	$6x+8$
减去我刚才想的那个数字	$5x+8$
减去3	$5x+5$
减去我刚才想的那个数	$4x+5$
减去2	$4x+3$
乘以2	$8x+6$
加上3	$8x+9$

表2-6

数字14，就没有办法得出他事先想好的数x了。碰到这种情况，你不妨在他说出计算结果前打断他，说："稍等，你得到的结果是不是14？"当你的朋友听到这个结果时，想必会觉得你有什么神奇的魔力！因为他并没有告诉你什么，你就已经知道了结果。即使你没有计算出他事先想好的数，他也仍然会觉得这个游戏好玩。

表2-7列举了跟这种情况类似的例子，例子中最后的运算结果根本不

我想好了一个数	x
加上2	$x+2$
乘以2	$2x+4$
加上3	$2x+7$
减去我刚才想的那个数	$x+7$
加上5	$x+12$
减去我刚才想的那个数	12

表2-7

含 x，只有12。如果出现这种情况，你就可以打断朋友了，告诉他最后得出的结果为12。

只需要稍加练习，你就可以与朋友玩这种游戏了。

"荒谬"的数学题

【问题】假设 $8 \times 8 =$ "54"，那么 "84" 等于多少？

乍看起来，这个问题十分荒谬，也没什么意义。但实际并非如此，我们可以利用方程来解出答案。

【解答】问题中的数字并不是十进制，否则问题 "84等于多少" 没有任何意义。我们假设这里的数字是以 x 进制表示的，那么，"84" 这个数可以表示如下：

$$8x+4$$

"54"可以表示为

$$5x+4$$

于是得到以下方程：

$$8 \times 8 = 5x+4$$

得出
$$x=12$$
即问题中的数字是用十二进制表示的,所以
$$84=8\times12+4=100$$
这等于说,如果$8\times8=$"54",那么"84"$=100$。

运用同样的方法我们可求解以下问题:

假设$5\times6=$"33",那么"100"等于多少?

这个问题中的数是用九进制表示的,因此很容易得出答案是81。

方程思维比我们更缜密

方程思维比我们的思维更加缜密。如果不相信,可以试着解答以下问题:

爸爸今年32岁,儿子5岁。多少年以后,爸爸的年龄是儿子的10倍?

设要求的年数是x,x年后爸爸是($32+x$)岁,儿子是($5+x$)岁。根据题意,爸爸的年龄是儿子的10倍,可以得到方程:
$$32+x=10(5+x)$$

计算可得

$$x=-2$$

得出的 x 是一个负数，这是什么意思呢？"-2年以后"意思是"2年以前"。

在列该方程时，我们以为的结果是几年以后，根本没想到会是2年以前，而以后也绝不会出现"爸爸的年龄是儿子的10倍"这种情况。因此，方程比我们思考得更加缜密，会提醒我们不要忘了一些容易忽略的细节。

稀奇古怪的数学题

解方程会碰到一些情况，这些情况会使不具备丰富数学经验的人不知所措，下面我们就来列举几个出现这类情况的例子。

例1：一个两位数，十位上的数字比个位上的数字小4。若把十位和个位上的数字对调，新得到的数字比原来的数大27。问：这个两位数是多少？

设该数十位上的数字是 x，个位上的数字是 y，根据题意，可以得出以下方程组：

$$\begin{cases} x = y-4 \\ (10y+x)-(10x+y)=27 \end{cases}$$

将第一个方程代入第二个方程后得到以下方程：

$$[10y+(y-4)]-[10(y-4)+y]=27$$

化简可得

$$36=27$$

如此，我们不仅没有得到 x 和 y 的值，却得出一个矛盾等式36=27，为什么呢？

这说明所求的两位数并不存在，方程组中的两个方程相互矛盾。第一个方程化简可得

$$y-x=4$$

第二个方程化简可得

$$y-x=3$$

以上方程左边都是 $(y-x)$，但第一个方程右边是4，第二个方程右边是3，明显矛盾。在求解下面的方程组也会遇到诸如此类的问题：

$$\begin{cases} x^2 y^2 = 8 \\ xy = 4 \end{cases}$$

两个方程两端分别相除，可以得到下面的方程：

$$xy=2$$

而第二个方程为 $xy=4$，联立两个方程得出"4=2"，这明显行不通。所以，这个方程组无解。我们通常把这种情况称为"不相容"方程组或"矛盾"方程组。

例2：变换一下例1中的已知条件，又会出现另外一种意外情形。例如已知这个两位数十位上的数字比个位上的数字小3，而不是小4，其他条件不

变，问：这个两位数是多少？

设这个两位数十位上的数字为 x，则个位上的数字为（$x+3$），由此得出与例1中类似的方程：

$$[10(x+3)+x]-[10x+(x+3)]=27$$

计算可得

$$27=27$$

这个等式是个恒等式，无法求得 x 的值。那是否意味着这样的两位数并不存在呢？

事实正好相反。这个恒等式说明，不管 x 值为何数，方程永远成立。问题中讲到的已知条件，对于任何一个十位上的数字比个位上的数字小3的两位数来说，都是成立的。我们可以很轻易地验证一下，例如

$$41-14=27,$$
$$52-25=27,$$
$$63-36=27,$$
$$74-47=27,$$
$$85-58=27,$$
$$96-69=27。$$

例3：有一个3位数，满足条件如下：

（1）十位上的数字是7；

（2）百位上的数字比个位上的数字小4；

（3）若将个位与百位上的数字互换，新得到的三位数比原来的三位数大396。

求：这个3位数是多少？

先来列一下方程。设这个3位数个位上的数字是 x，那么

$$100x+70+x-4-[100(x-4)+70+x]=396$$

方程化简，可得

$$396=396$$

我们通过例2可知，这个结果意味着任何一个3位数，如果它百位上的数字比个位上的数字小4，那么，若将这个3位数的个位和百位调换，得到的新数就会比原来的那个数大396，与十位上的数字是多少没有任何关系。

以上问题都比较抽象，举这些例子无非是为了帮助读者朋友养成一个习惯：遇到此类问题，先列方程，只要求解方程就可以。我们现在已经有了这类理论知识，接下来就可以解决日常生活、体育或者军事方面的一些实际问题了。

理发店里遇到的数学题

【问题】理发店里也有代数问题，你可能觉得不可思议，但确实存在，接下来我们详细讨论一下。

有一天，我到理发店理发，理发师过来提出一个问题："你能帮我们一个忙吗？有个问题困惑我们已久，实在不知道如何解决。"

"我们为解决这个问题浪费了很多溶液。"另一位理发师在旁边插嘴说道。

"究竟是什么问题?说来听听。"我说道。

"我们有两种不同浓度的过氧化氢溶液,一种是30%的,另外一种是3%的。现在想配浓度为12%的溶液,但就是找不到恰当的比例。"

他们拿来一张纸,让我解出这个比例。

这个问题并不复杂,那么该如何解答呢?

【解答】这里当然可以用算术的方法来解答,但用代数的方法会更简单。假设配成12%的溶液共需要x克浓度3%的溶液和y克浓度30%的溶液,那么在$(x+y)$克溶液中,过氧化氢的质量为$(0.03x+0.3y)$克。而混合后的溶液质量是$(x+y)$克,此时溶液的浓度是12%,因此过氧化氢的质量应该为$0.12(x+y)$克。

由此,我们得出方程:

$$0.03x+0.3y=0.12(x+y)$$

解得

$$x=2y$$

也就是说,只要确保3%浓度溶液的量是30%浓度液的2倍就可以配出这种溶液。

电车发车的间隔时间

【问题】一天,我沿电车路散步发现,每隔12分钟会有一辆电车从我身后开过来,每隔4分钟又会有一辆电车从我对面开过来。

假设我和电车都保持匀速,求:从起始站发出一辆电车的间隔时间是几分钟?

【解答】设每隔x分钟电车从起始站发出。也就是说,x分钟之后,在某一辆电车追上我的地方,第二辆电车也会开到这个地方。第二辆电车要想追上我,就得在$(12-x)$分钟的时间里走完我在12分钟里走的路程。

由此可得,我1分钟走过的路程电车只需要$\dfrac{12-x}{12}$分钟。

若电车是从对面开过来,在第一辆开过去4分钟以后,又开过来第二辆电车,也就是说,第二辆电车需要在剩下的$(x-4)$分钟里,走完我4分钟走过的路程。因此,我1分钟走过的路程,电车只需要$\dfrac{x-4}{4}$分钟。

由此可得方程:

$$\frac{12-x}{12} = \frac{x-4}{4}$$

解得

$$x=6$$

也就是说，每隔6分钟，就会有一辆电车从起始站开出。

这个问题还可以用算术方法来解答。假设前后开出的两辆电车之间的距离是a，对面开过来的电车每隔4分钟过去一辆，所以我和电车之间的距离不断缩短，每间隔1分钟，这个距离就缩短$\frac{a}{4}$。若电车从我身后开过来，每间隔1分钟，我和这辆电车之间的距离就会缩短$\frac{a}{12}$。

现在我们假设：我往前走了1分钟后掉头往回再走1分钟，回到原来开始的地方。这样的话，在第1分钟里，电车从我的对面开过来时，我和电车之间的距离缩短了$\frac{a}{4}$；在第2分钟里，刚才对面开过来的那辆电车开始从我的身后追我，在此阶段，它与我之间的距离缩短了$\frac{a}{12}$。如此一来，在这2分钟里，我与该电车之间的距离缩短了$\frac{a}{4}+\frac{a}{12}=\frac{a}{3}$。若我刚开始时站在原地不动，那么2分钟后该电车与我之间的距离也缩短了$\frac{a}{3}$。同理，此种情况下1分钟后，我与电车之间的距离会缩短$\frac{a}{3}\div 2=\frac{a}{6}$。换句话说，电车要走完全部路程$a$共需要6分钟。也就是说，人站在某地不动，电车每隔6分钟就会开过去一辆。

乘木筏需要用多长时间

【问题】河岸有两座城市A和B，城市B在城市A的下游。有一艘轮船，从城市A行驶到城市B需要5小时。返程时，由于逆流行驶需要7小时。假如乘坐一艘木筏以水流的速度从城市A行驶到城市B，需要多长时间？

【解答】设轮船在静水中从城市A行驶到城市B需要x小时，设乘坐木筏从城市A到城市B需要y小时。则轮船用一小时行驶了两城之间距离的$\frac{1}{x}$，而木筏一小时行驶了两城之间距离的$\frac{1}{y}$。因此，轮船花费一小时顺水行驶的路程是两城距离的$\left(\frac{1}{x}+\frac{1}{y}\right)$，在逆水时行驶的路程是两城距离的$\left(\frac{1}{x}-\frac{1}{y}\right)$。顺水时轮船一小时里行驶的路程是两城之间距离的$\frac{1}{5}$，而逆水行驶时，是$\frac{1}{7}$，可得下面方程组：

$$\begin{cases} \dfrac{1}{x}+\dfrac{1}{y}=\dfrac{1}{5} \\ \dfrac{1}{x}-\dfrac{1}{y}=\dfrac{1}{7} \end{cases}$$

联立上述方程组得出y的值：

$$\frac{2}{y}=\frac{2}{35}$$

$$y=35$$

也就是说，乘坐木筏从城市A到城市B需要花费35小时。

咖啡的净重量是多少

【问题】两个形状与材质相同的罐子都装满了咖啡。其中一个罐子重量为2kg，高度为12cm；另一个罐子重量为1kg，高度为9.5cm。

求：每个罐子中所装的咖啡净重是多少？

【解答】设大罐中的咖啡重量为x千克，小罐中的咖啡重量为y千克，再设两个罐子本身的重量分别是z千克和t千克，得出方程组：

$$\begin{cases} x+z=2 \\ y+t=1 \end{cases}$$

根据题目条件"罐中装满了咖啡",可得咖啡的重量之比就等于罐子的体积之比,也就是跟高度的立方成正比,所以

$$\frac{x}{y}=\frac{12^3}{9.5^3}\approx 2.02$$

$$x\approx 2.02y$$

并且,两个罐子自身重量之比等于它们的表面积之比,也就是跟高度的平方成正比,所以

$$\frac{z}{t}=\frac{12^2}{9.5^2}\approx 1.60$$

$$z\approx 1.60t$$

把以上两个式子分别代入前面的方程组中,得到另一个方程组:

$$\begin{cases} 2.02y+1.60t=2 \\ y+t=1 \end{cases}$$

此方程组解得:

$$y=\frac{20}{21}=0.95$$

$$t=0.05$$

进而得出

$$x=1.92$$

$$z=0.08$$

也就是说,大罐咖啡净重为1.92千克,小罐咖啡净重为0.95千克。

晚会上跳舞的男士有多少人

【问题】晚会上有20个人跳舞。玛利亚与7个男士跳过舞，奥尔加与8个男士跳过舞，维拉与9个男士跳过舞……依次递进，妮娜则跟在场所有男士跳过舞。问：晚会上跳舞的男士有多少位？

【解答】解题的核心是选好未知数。设跳舞的女士共有x人，则会产生如下关系：

第（1）位女士玛利亚，跟（6+1）个男伴跳过舞；第（2）位女士奥尔加，跟（6+2）个男伴跳过舞；第（3）位女士维拉，跟（6+3）个男伴跳过舞；

……第（x）位女士妮娜，跟（6+x）个男伴跳过。由此得出下面的方程：

$$x+(6+x)=20$$

得出

$$x=7$$

从而

20−7=13

由此可知，跳舞的男士共有13位。

侦察船返回需要多久

【问题】某舰队中有一艘侦察船（如图2-7所示），奉命勘察舰队前方70英里的海面。

假设舰队的行驶速度为35英里①/小时，侦察船的为70英里/小时。那么，该侦察船返回到舰队需要多久？

【解答】设x小时后，该侦察船会返回到舰队。

图2-7

---

① 1英里=1.609 344公里。

期间，舰队行驶了35x英里，侦察船行驶了70x英里，侦察船在向前行驶70英里后，又返回来行驶了一段距离。那么，侦察船与舰队行驶的路程共（70x+35x）英里，这段路程也等于（2×70）英里。因此可得出以下方程：

$$70x+35x=140$$

解得

$$x=1\frac{1}{3}$$

也就是说，侦察船再次回到舰队需要1小时20分钟。

【问题】某舰队中的侦察船接到命令，到整个舰队航向的前方去执行侦察任务，需在3小时内回到舰队。假设侦察船的速度是60海里/小时，而整个舰队的航行速度是40海里/小时。问：侦察船离开舰队多久后就要往回赶？

【解答】设侦察船离开舰队x小时后就要往回赶，即侦察船向前行驶了x小时，然后又往回行驶了（3−x）小时。在这x小时里，侦察船和整个舰队都是同向行驶，因此它们行驶的路程差就是60x−40x=20x海里。

侦察船掉头行驶后，它朝着舰队行驶了60（3−x）海里。与此同时，舰队行驶了40（3−x）海里。根据前面的分析，得出二者之间的距离是20x海里。

因此

$$60（3-x）+40（3-x）=20x$$

解方程得出

$$x=2\frac{1}{2}$$

因此，侦察船离开舰队2小时30分之后需要掉头往回赶。

自行车手的骑行速度

【问题】在一个圆形自行车赛道上,两名自行车骑手匀速前进。若他们反向骑行,每间隔10秒钟就会相遇一次;若他们同向骑行,每间隔170秒其中一个人就会追上另外一个人。假设赛道长度为170米,那么,两名骑手行驶的速度分别为多少?

【解答】设第一个人的骑行速度为x米/秒。当两人反向骑行时,10秒内,第一个人前进了$10x$米。当两个人相遇时,第二个人前进了赛道剩下的路程($170-10x$)米。再设第二个人的骑行速度为y米/秒,那么在10秒内他前进了$10y$米。因此可得:

$$170-10x=10y$$

当两人同向骑行时,在170秒的时间里,他们骑行的距离分别为$170x$米与$170y$米。我们假设第一个人的速度更快,那么从第一次追上到下一次追上,第一个人比第二个人多骑行了一圈,也就是:

$$170x-170y=170$$

联立以上两个方程,得出

$$\begin{cases} x+y=17 \\ x-y=1 \end{cases}$$

计算可得：

$x=9$

$y=8$

因此，第一个人的骑行速度为9米/秒，第二个人的骑行速度为8米/秒。

摩托车赛事

【问题】有3辆摩托车参加骑行比赛。其中第二辆摩托车的速度比第一辆慢15千米/小时，比第三辆快3千米/小时。三辆摩托车同时出发，第二辆摩托车到达终点的时间比第一辆晚12分钟，但比第三辆早3分钟。3辆摩托车中途都没有停过。

问：

（1）比赛的全程共多少千米？

（2）每辆摩托车的行驶速度为多少？

（3）每辆摩托车跑完全程需要多长时间？

【解答】乍一看问题多，要求的数也多。但是，只要求出其中的两个未知数，我们就可以得出所有答案。

设第二辆摩托车的速度为x千米/小时，那么第一辆摩托车的速度为$(x+15)$千米/小时，第三辆的速度为$(x-3)$千米/小时。

再设比赛全程为y千米，3辆摩托车跑完全程所用的时间（小时）分别是：

第一辆摩托车：$\dfrac{y}{x+15}$

第二辆摩托车：$\dfrac{y}{x}$

第三辆摩托车：$\dfrac{y}{x-3}$

因为第二辆摩托车比第一辆多用了12分钟，即$\dfrac{1}{5}$小时。

所以

$$\dfrac{y}{x}-\dfrac{y}{x+15}=\dfrac{1}{5}$$

而第三辆摩托车比第二辆多用了3分钟，即$\dfrac{1}{20}$小时，

所以

$$\dfrac{y}{x-3}-\dfrac{y}{x}=\dfrac{1}{20}$$

在第二个方程的两边乘以4，再分别减去第一个方程的两边，得出：

$$\dfrac{y}{x}-\dfrac{y}{x+15}-4\left(\dfrac{y}{x-3}-\dfrac{y}{x}\right)=0$$

很显然，$y\neq 0$，把上面的方程用y除并去分母后可得

$$(x+15)(x-3)-x(x-3)-4x(x+15)+4(x+15)(x-3)=0$$

去括号，化简得出：

$$3x-225=0$$

解得

$$x=75$$

将x的值代入第一个方程，得出：

$$\frac{y}{75}-\frac{y}{75+15}=\frac{1}{5}$$

解得

$$y=90$$

进一步计算得出，这3辆摩托车的速度依次是：90千米/小时、75千米/小时、72千米/小时；比赛全程为90千米，而3辆摩托车跑完全程所花的时间依次是：1小时、1小时12分、小时15分。

汽车平均行驶速度问题

【问题】一辆汽车从城市A开往城市B，它的行驶速度是60千米/小时，然后又以40千米/小时的速度从城市B返回到城市A。求它的平均速度是多少？

【解答】这个问题乍一看很容易，也正式这个"容易"会把大家带到坑里去。很多人没能领会问题的意思，直接求60跟40这两个数的算术平均值，即

$$\frac{60+40}{2}=50$$

若是汽车来回所花时间是一样的，这个答案就是对的。但是，时间不可能一样，因为它行驶的速度不一样，从城市B返回到城市A时用的时间肯定是相对更长的。

我们仍可利用方程来解答这个问题。设这两个城市之间的距离为l，设所求的平均速度为x，则可以列出方程如下

$$\frac{2l}{x}=\frac{l}{60}+\frac{l}{40}$$

显然，$l\neq 0$，将方程的两边同时除以l，得到

$$\frac{2}{x}=\frac{1}{60}+\frac{1}{40}$$

求得

$$x=\frac{2}{\frac{1}{60}+\frac{1}{40}}=48$$

也就是说，正确的答案是48千米/小时，而不是50千米/小时。

若将两个速度都用字母表示，去时速度为a千米/小时，回时速度为b千米/小时，则所求的x值为

$$x=\frac{2}{\frac{1}{a}+\frac{1}{b}}$$

在代数上，我们称这个值为a与b的调和平均值。

由此可知，汽车的平均行驶速度并不是算术平均值，而是两个速度的调和平均值。当a和b都为正值时，调和平均值总是比算术平均值小，上面举的例子就是这样。

老式计算机的工作原理

科技进步促使计算机技术得到迅猛发展，本节我们来探究一下老式计算机的工作原理，并用它来解方程。在前面的章节中，我们了解到计算机能完成下象棋之类的很多工作。除此之外，计算机还能完成一些其他任务，例如进行语言翻译，甚至能演奏美妙的乐曲等。只要事先编好程序，计算机就会遵照程序工作。

鉴于程序的复杂性，我们不打算研究下象棋或语言翻译的程序，只针对两个比较简单的程序稍做介绍，探索一下计算机的工作方法。首先，我们先来看一下计算机的构造。

众所周知，计算机可以在1秒内完成上万次运算，完成这一功能的计算机装置叫作运算器。计算机装置还包括控制器和记忆装置，即存储器，用以存放数据或信号。除此之外，还包括一些用来输入、输出的装置。输出结果一般通过打印机打印到卡片或纸张上。

我们可以把声音录制在唱片或胶卷上，以便随时重新播放。不过，唱片不能反复录音，在唱片上一般只能录一次。有时，我们也会把声音记录在磁带上。磁带的一个优点就是可以擦掉重新记录，在同一根磁带上可重复录音，只需要将之前的录音擦掉。

计算机根据以上原理运行记忆装置，数据以电、磁、机械等信号的形式写在专用的磁鼓、磁带或其他记忆装置上，需要这些数据或信号就把它们"读"出来，不需要就可以擦除，再写上新的数据和信号，完成这些操作仅需要不到0.1秒的时间。

存储器由几千个单元组成，每个单元又包含诸如磁性元件等几十个用来存储的元件。计算机存储都是二进制，规定用磁化了元件来表示数字"1"，没有磁化的元件来表示数字"0"。比如，一个存储单元表示一个二进制数，由25个元件组成，通常用第一个元件表示这个数的符号，即正或负，接下来的14个元件用来存储该数的整数部分，最后的10个元件用来存储小数部分。

如图2-8所示，这便是一个简单的存储器，由两个单元组成，每个单元有25个元件，"+"号表示磁化的元件，"−"号表示没有磁化的元件。另外，小数点一般用逗号表示。在图2-8中，上边的单元用虚线把表示符号的第一位和其他位分开，我们可以读出这个二进制数为+1011.01，如果换算成十进制，即为11.25。

存储单元中除了数据，还可以写入指令，而这些指令组成了程序。接下来，我们看一下通常所讲的三地址计算机指令。为写入指令，一般将存储单元分成4部分，如图2-8中下面的单元所示，每段用线隔开。第一部分表示操作，以数的形式写在存储单元里。

比如：

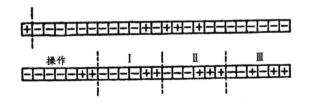

图2-8

加——操作Ⅰ，减——操作Ⅱ，乘——操作Ⅲ，

……

可以这样理解指令：存储单元的第一部分为操作码，第二部分和第三部分为编号，我们也可以称之为地址码。若要进行操作，就必须从这两部分中取出需要的数。第四部分是用来存放运算结果的地址码。例如，在图2-8的下行中写进的二进制数是11，11，111，1011，换算成十进制数就是3，3，7，11，意思是：对3号和7号存储单元中的数执行操作Ⅲ，就是进行乘法运算，最后算出的结果写入11号存储单元。如果直接用十进制数执行上面的指令，则可以写成下面的形式：

乘　3　7　11

接下来看两个非常简单的程序。

程序1：

（1）加　　4　5　4

（2）乘　　4　4　→

（3）转移　　　　1

（4）0

（5）1

那计算机是如何运作的呢？从这可看出，计算机前5个存储单元存放着上面的数据和指令。

第一条指令：将存放在4号和5号存储单元中的数采用加法运算，接着将计算结果覆盖4号单元中原来的数据，即把0+1的结果"1"写入4号存储单元。如此一来，第一条指令就算完成了。此时，4号和5号存储单元里的数据变成：

（4）　　1

（5）　　1

第二条指令：把存放在4号单元中的数据"1"跟自己相乘，进行平方运算。此处箭头"→"表示输出，即把结果1输出到卡片上。

第三条指令：转移到1号单元。这里用了一个转移指令，即返回到第一条指令，重复执行每一条指令。

第一条指令：把存放在4号和5号存储单元中的数进行加法运算，将结果存入4号单元中。现在4号单元的数据变成了2，也就是：

（4）　　2

（5）　　1

第二条指令：将存放在4号单元中的数据"2"与自己相乘，并把结果输出到卡片上。

第三条指令：转移到1号单元，重复执行第一条指令。

第一条指令：把数据"3"送到4号单元中，即

（4）　　3

（5）　　1

第二条指令：将$3^2=9$输出到卡片上。

第三条指令：转移到1号单元。

……

经过以上分析可以看出，计算机依次针对整数进行平方运算，并将结果输出到卡片上。机器会自动取出所有的整数，并将它们进行平方运算，根本不用我们自己动手来写计算出的数据。机器通过这个程序，可以在非常短的时间内完成1到10000的平方运算。

需要说明一点，我们在本章节简化了程序，实际程序要比刚才列出来的复杂很多。尤其第二条指令，机器把结果输出到卡片上需要的时间比计算一

次的时间多很多。因此，通常先把结果寄存到一些空的存储单元中，之后再慢慢地输出到卡片上。比如上述例子，第一次运算出的结果寄存到1号空单元中，第二次运算出的结果寄存到2号空单元中，第三次运算出的结果寄存到3号空单元中等。在前面的程序1中，我们并没将这一点考虑进去。

另外，存储单元有限，机器不可能一直进行这种平方运算。我们也无法判定在上面的程序中机器是否已经完成了我们需要的数据，所以这就需要我们在程序中再加一条指令，让机器在需要的时候能及时停止运行程序，比如，我们希望机器完成从1到10000的平方运算后自动停止。

现实中的很多指令更复杂，此处不再展开介绍。下面是对1到10000中所有整数进行平方运算的程序：

程序1（a）

（1）加　　　　8　9　8

（2）乘　　　　8　8　10

（3）加　　　　2　6　2

（4）条件转移　　8　7　1

（5）停

（6）　　　　　0　0　1

（7）10000

（8）0

（9）1

（10）0

（11）0

（12）0

第1条和第2条指令跟前面的程序1相同，执行完这两条指令，8号、9号、

10号单元中的数据将是：

（8）1

（9）1

（10）1^2

第3条指令：这条指令比较有意思，它将2号和6号单元中的数进行相加，并将结果送到2号单元，这样2号单元中的数据就变成：

（2）乘　　　　8　8　11

也就是说，执行完第3条指令后，第2条指令中有一个地址变了，原因我们后面再做解释。

第4条指令：这里的"条件转移"相当于前面讲到的程序1中的第3条指令，这条指令运行方式如下：若8号单元中的数据比7号单元的小，则返回到第1条指令；否则执行第5条指令。因为现在的情况是1<10000，因此，继续执行第1条指令。

执行完第1条指令之后，8号单元中的数据变成2。现在第2条指令中的内容为：

（2）乘　　　　8　8　11

意思是，把2^2送到11号单元里。现在我们知道为什么会有第3条指令了吧，原因是10号单元被占用了，新产生的数据2^2不能再送到10号单元，而是送到下一个单元中。执行完第1条和第2条指令之后，8号~11号单元中的数据变成：

（8）2

（9）1

（10）1^2

（11）2^2

执行完第3条指令后，2号单元中的指令变成：

（2）乘　　　　8　8　12

此时，8号单元中的数据仍然比7号单元中的数据"10000"小，因此继续执行第1条指令。

执行完第1条与第2条指令后，8号~12号单元中的数据变为：

（8）3

（9）1

（10）1^2

（11）2^2

（12）3^2

……

只要8号单元中的数据比7号单元中的"10000"小，程序就会被一直执行下去，只有当8号单元中的数据变为"10000"时，即将1到10000中所有的整数进行了平方运算后，程序才会停止执行。此时，由于8号单元中的数据不再小于7号单元中的"10000"，第4条指令不再转移到1号单元，机器则往下执行第5条指令，即"停止"命令。

接下来研究一个更复杂的解方程组程序。为了方便研究，下面只列出一个简化的程序，如果读者对此感兴趣可自行写出该程序。假设有一个方程组：

$$\begin{cases} ax+by=c \\ dx+ey=f \end{cases}$$

这个方程组比较容易求解，得出：

$$x = \frac{ce-bf}{ae-bd}$$

$$y = \frac{af - cd}{ae - bd}$$

手动求解该方程组通常来讲至少需要几十秒。但计算机可以用1秒完成数百个这类方程组的求解。接下来，我们了解一下解方程组的程序。假设有很多个方程组（如图2-9所示），方程组中的 a，b，c，d，e，f，a'，b'，c'，……都是已知数。程序如下：

程序2：

(1)　×　28　30　20
(2)　×　27　31　21
(3)　×　26　30　22
(4)　×　27　29　23
(5)　×　26　31　24
(6)　×　28　29　25
(7)　−　20　21　20
(8)　−　22　23　21
(9)　−　24　25　22
(10)　÷　20　21　→
(11)　÷　22　21　→
(12)　+　1　19　1
(13)　+　2　19　2
(14)　+　3　19　3
(15)　+　4　19　4
(16)　+　5　19　5
(17)　+　6　19　6

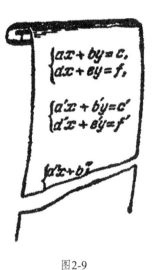

图2-9

（18）	转移		1
（19）	6	6	0
（20）	0		
（21）	0		
（22）	0		
（23）	0		
（24）	0		
（25）	0		
（26）	a		
（27）	b		
（28）	c		
（29）	d		
（30）	e		
（31）	f		
（32）	a'		
（33）	b'		
（34）	c'		
（35）	d'		
（36）	e'		
（37）	f'		
（38）	a''		

……

第1条指令：把28号和30号单元中的数据相乘，得出的乘积送入20号单元，也就是把数据 ce 写入20号单元。

之后，按顺序执行从第2条～第6条的指令。执行完这5条指令后，20号～25号单元中的数据变为：

（20）ce

（21）bf

（22）ae

（23）bd

（24）af

（25）cd

第7条指令：用20号单元中的数据减去21号单元中的数据，再把结果（$ce\text{-}bf$）送到20号单元。

依次执行第8条和第9条的指令，于是20号～22号单元中的数据变成：

（20）$ce\text{-}bf$

（21）$ae\text{-}bd$

（22）$af\text{-}cd$

第10条和第11条指令：进行除法运算，并将结果输出在卡片上。

$$\frac{ce-bf}{ae-bd}$$
$$\frac{af-cd}{ae-bd}$$

这便是上面方程组的解。

这样我们就解出了第一个方程。读者可能会有疑问，既然方程已经解出，那后面的指令还有什么用呢？其实，后面的指令是用来解后面方程组的，我们不妨来看看这个过程是怎样进行的。

第12条～第17条指令的意思是，把1号到6号存储单元中的数与19号单元中的数相加，把结果存入1号～6号单元中。执行完这些指令后，1号～6号单元变为：

(1) × 34 36 20
(2) × 33 37 21
(3) × 32 36 22
(4) × 33 35 23
(5) × 32 37 24
(6) × 34 35 25

第18条指令：转移至1号单元。

不难看出，1号~6号单元中的内容改变了，跟原来的内容区别在哪呢？这些单元原先的地址编号为26~31，现在的变为32~37。也就是说，机器虽然会重复刚才的运算，但不再从26号~31号单元中提取数据，而是从32号~37号单元中提取，这里存放着第二个方程组的系数。这样，机器就会把第二个方程组解出来。同理，第三个、第四个……都可以求解。

以上分析可以看出，程序编写得正确与否是解决问题的关键。机器只是按照程序来执行运算，本身并没有概念。除了上面求解方程组的程序，我们还有开方的程序、求对数的程序、求正弦的程序、求解高次方程的程序，前面的章节还谈到下象棋的程序、翻译的程序。很多程序计算机都可以运行，当然，问题越难，相应的程序也越复杂。

本节最后我们还要说一点，编写程序是一项非常繁重的工作，有一种程序可以用来编写程序。借助这个程序，机器可以自动编写出一些解题程序，大大减轻了人们的负担。

第三章

算术的好帮手——速乘法

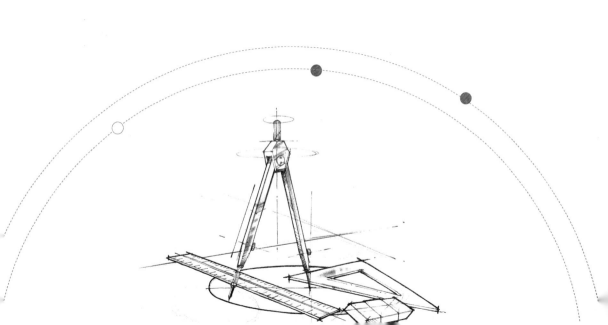

速乘法知多少

如果想严格证明算术中某些判断是否正确,并不能依靠它本身进行,而是需要用到代数的方法。例如,一些简便算法,某些数字的有趣特性,一个数能否被整除,等等,这些算术命题通常需要利用代数进行证明。

运算熟练的人为了简化计算,常常借助一些简单的代数变换来减少计算量,比如要计算988^2。

可以用以下方法计算:

$$988^2=988\times 988$$
$$=(988+12)\times(988-12)+12^2$$
$$=1000\times 976+144$$
$$=976144$$

此处显然用到以下代数变换:

$$a^2=(a+b)(a-b)+b^2$$

我们利用以上公式能进行许多类似的运算。如:

$27^2=(27+3)\times(27-3)+3^2=729$,

$63^2=(63+3)\times(63-3)+3^2=3969$,

$18^2=20\times16+2^2=324$,

$37^2=40\times34+3^2=1369$,

$48^2=50\times46+2^2=2304$,

$54^2=58\times50+4^2=2916$。

再看另外一个例子986×997。可以通过以下方式计算：

$$986\times997=(986-3)\times1000+3\times14=983042$$

那么。这种算法的依据是什么呢？其实，我们进行了如下变换：

$$986\times997=(1000-14)\times(1000-3)$$

依照代数法则，将上面的括号去掉，变为：

$$1000\times1000-1000\times14-1000\times3+14\times3$$

然后再变换：

$$1000\times1000-1000\times14-1000\times3+14\times3$$
$$=1000\times(1000-14)-1000\times3+14\times3$$
$$=1000\times(986-3)+14\times3$$

最后一行就是前面的算式。

若相乘的两个三位数的十位和百位相同，个位之和等于10，它们的乘法运算会更加有趣，例如783×787。

可按照以下方式计算：

$$78\times79=6162$$
$$3\times7=21$$

所以上面的计算结果就是616221。

这种算法的依据什么呢？请继续看：

$$(780+3)\times(780+7)=780\times780+780\times3+780\times7+3\times7$$

$$=780×780+780×10+3×7$$

$$=780×(780+10)+3×7$$

$$=780×790+21$$

$$=616200+21$$

这种数的乘法还有另外一种更简单的计算方式：

$$787×783=(785-2)×(785+2)$$

$$=785^2-2^2$$

$$=616225-4$$

$$=616221$$

在这种计算方法中，需要计算785的平方。若一个数的末位是5，就可以用以下方法计算平方，如：

$$35^2：3×4=12，结果是1225；$$

$$65^2：6×7=42，结果是4225；$$

$$75^2：7×8=56，结果是5625。$$

计算规则是，把数的十位数乘以比它大1的数写在前面，将25写在后边。

我们可以求证该方法。假设上述数字的十位是 a，那么该数可以表示为：

$$10a+5$$

该数的平方就是：

$$100a^2+100a+25=100a(a+1)+25$$

式子中的 a（$a+1$）就是十位数和比它大1的数的乘积，然后再乘以100，加上25，就相当于在前面的乘积后面直接写上25。

若一个整数后面带一个 $\dfrac{1}{2}$，也可以用上述方法求平方。例如：

$$\left(3\dfrac{1}{2}\right)^2=3.5^2=12.25=12\dfrac{1}{4}$$

$$\left(7\frac{1}{2}\right)^2 = 7.5^2 = 56.25 = 56\frac{1}{4}$$

$$\left(8\frac{1}{2}\right)^2 = 72.25 = 72\frac{1}{4}$$

数字1、5和6的特殊之处

一个数的末位是1或5，累乘得出的数值末位也是1或5，相信读者对这一规律已经有所了解。那么如果这个数的末位是6呢？其实，一个末位是6的数，这个的任何次方后末位仍然是6。

如：

$$46^2 = 2116$$

$$46^3 = 97336$$

所以，若一个数的末位是1、5或6，累乘后的末位仍然分别是1、5、6，我们可以用代数方法求证这一规律。

将末位是6的数表示为：

$$(10a+6) \text{或} (10b+6)$$

其中，a 和 b 可以为任意整数。这两个数的乘积为：

$$(10a+6)(10b+6)=100ab+60a+60b+36$$
$$=10(10ab+6a+6b)+30+6$$
$$=10(10ab+6a+6b+3)+6$$

由此得出，若两个数的末位都是6，它们的乘积是一个数的10倍与6的和，所得数值的末位一定是6。

同理，我们可以证明末位是1或5的情形，很快能得出以下结论：

386^{2567} 的末位数是6，

815^{723} 的末位数是5，

491^{1732} 的末位数是1，

……

数字25与76的特殊之处

上一节介绍了末位是1、5、6的数具备的特征。对于末两位是25或76的数也具备一个同样的特质，即任何两个末两位是25的数相乘，得到的结果末两位仍然是25；若末两位数是76，乘积结果的末两位仍然是76。接下来就来求证一下上述结论。我们将末两位是76的两个数表示为

$$(100a+76) 和 (100b+76)$$

它们的乘积是

$$(100a+76)(100b+76)$$
$$=10000ab+7600a+7600b+5776$$
$$=10000ab+7600a+7600b+5700+76$$
$$=100(100ab+76a+76b+57)+76$$

从上面的式子可看出，乘积的末两位数仍然是76。所以，只要一个数的末两位是76，它的任何次方的末两位仍然是76，例如：

$$376^2=141376$$
$$576^3=191102576$$

无限长的"数"

还有一些由多位数字组成的长串数尾与上文特征相似，在经过连乘后数尾依然不变，甚至可以是无限长的数尾。

从上文我们得知，具有上述特性的是两位数25和76，那么，是否存在具备这种特性的3位数呢？我们可以通过下面的方法寻找一下。

设在76前面的数字为k，则该3位数可以用以下形式来表示：

$$100k+76$$

而以这个3位数结尾的数就可以表示为$(1000a+100k+76)$，$(1000b+100k+76)$。它们的乘积为

$$(1000a+100k+76)(1000b+100k+76)$$
$$=1000000ab+100000ak+100000bk+76000a+$$
$$76000b+10000k^2+15200k+5776$$

除了最后两项，各项都是1000的倍数，后面都有3个0。如果以下两项之差

$$15200k+5776-(100k+76)$$

能被1000整除的话，所得乘积末尾还是$(100k+76)$。上面式子可转换为

$$15100k+5700=15000k+5000+100（k+7）$$

当$k=3$时，上式可以被1000整除。

所以这个3位数是376，376的任何次方的结果一定是以376结尾，如

$$376^2=141376$$

以同样的方法，我们可以找到符合条件的4位数。假设376的前面的数字为l，则问题变成：下面的乘积

$$(10000a+1000l+376)(10000b+1000l+376)$$

以$(1000l+376)$为末尾时，l等于多少？去括号，把10000的倍数项舍去，最后剩下两项：

$$752000l+141376$$

上式与$(1000l+376)$的差为

$$752000l+141376-(1000l+376)$$
$$=751000l+141000$$

$$=750000l+140000+1000(l+1)$$

要想上数所得乘积的末尾是（$1000l+376$），这个数需要被10000整除，这时$l=9$。

所求的4位数是9376。

我们可以用此方法求出满足这一条件的更多位数，如5位的09376，6位的109376，7位的7109376等。

只要在这些数前面加上一位，就可以一直计算下去，得出一个无限多位的"数"：

……7109376

因为这些数都是从右向左写，而加法或乘法的竖式运算也是从右向左进行，所以这样的数同样可以进行一般的加法或乘法运算，而且当两个这样的数进行加法或乘法运算时，它们的和或积可以去掉任意多的数字。

更有趣的是，下面的方程对这个无限长位数的"数"来讲是成立的：

$$x^2=x$$

这让人有点难以置信，但事实便是如此。这个数的末尾为76，所以它二次方的末尾也是76。我们同样可以得出，这个数二次方的末尾也可以是376，可以是9376。这意味着在这个"数"的二次方中逐个减去一些数字，就可以得到一个与$x=$……7109376相同的数。因此，我们可以得出结论：

$$x^2=x$$

以上分析了以76为末尾的"无限长"的数。我们同样可以找出以5为末尾的这类数，它们是

5，25，625，0625，90625，890625，2890625

最后，我们也能得到一个满足$x^2=x$的无限多位的"数"：

……2890625

这个无限多位的"数"还"等于"

$$\left(\left(\left(5\right)^2\right)^2\right)^{2\cdots}$$

我们可以这样解释：在十进制中，方程 $x^2=x$ 除了 $x=0$ 和 $x=1$ 两个解外，还有两个无限的解：

$$x_1=\cdots\cdots 7109376, \quad x_2=\cdots\cdots 2890625$$

关于补差的古代民间问题

有一个故事：很久以前有两个贩卖牲畜的商人。假如把他们的牛都卖掉，每头牛卖得的价钱正好跟牛的总数相等。假如用卖牛的钱去买一群羊，每只大羊的单价为10卢布，最后剩下的零头买了一只小羊。两个商人将买来的羊平分，第一个人比第二个人多一只大羊，第二个人得到那只小羊，并从第一个人那里找补了一点钱。假设找补的钱为整数，究竟是多少呢？

【解答】因为这个问题无法列出方程，所以不能直接变换成代数语言来解答，所以考虑使用一种特殊的方法，即数学思考，但我们也可以利用代数这个工具。

设每头牛的价格为n，依据题意，牛的总数也为n，卖得的总钱数是n^2。同样根据题意，第一个人多得了一只大羊，所以大羊的总数应该是一个奇数。而大羊的价钱是10卢布/只，因此我们可以得出，n^2的十位数字应该是奇数。这样问题就变成：假如一个数的平方的十位数字为奇数，它的个位数是多少？

只有6才能够满足上面的条件，所以这个平方数的个位数字是6。

其实对于任意一个以a为十位数字、以b为个位数字的数，它的平方中

$$(10a+b)^2=100a^2+20ab+b^2$$
$$=(10a^2+2ab)\times 10+b^2$$

（$10a^2+2ab$）与b^2都可能含有十位数字的一部分，但显然前面一部分为偶数，因此包含在b^2中的十位数字是奇数，只有这样（$10a+b$）^{2}中的十位数字才是奇数。而b是该数的个位数字，只有一位数，因此b^2只能是以下这些数中的其中一个：

0，1，4，9，16，25，36，49，64，81

在上面的数中，只有16和36的十位是奇数，恰巧这两个数都以6结尾，因此（$10a+b$）的平方（$100a^2+20ab+b^2$）的末位数字一定是6，只有这时候十位数字才是奇数。

这样我们可以得出，买小羊花了6卢布。大羊的价格是10卢布/只，若不找补钱，得到小羊的人就损失了4卢布。考虑到公平原则，第一个人应该给另外一个人找补2卢布。

可以被11整除的数

我们可以不进行除法运算，判断出一个数能否被另一个数整除，秘诀就是代数，在判断一个数能否被2，3，4，5，6，7，8，9，10整除时都可以做到。那么，是否能判断一个数可不可以被11整除呢？下面介绍一个既简单又实用的方法。

设要判断的多位数为N，其个位数字是a，十位数字是b，百位数字是c，千位数字是d……。即

$$N=a+10b+100c+1000d+\cdots$$

$$=a+10(b+10c+100d+\cdots)$$

将上式减去一个11的倍数，11（$b+10c+100d+\cdots$），得到

$$a-b-10(c+10d+\cdots)$$

这个差值除以11得到的余数显然与N除以11得到的余数相等。将上述差值加上一个11的倍数11（$c+10d+\cdots$），得到

$$a-b+c+10(d+\cdots)$$

这个数除以11得到的余数与N除以11得到的余数也相等。同理，我们再从

该数中减去一个11的倍数11（d+⋯），如果一直这样进行下去，就会得到下面的结果

$$a-b+(c-d)+\cdots=(a+c+\cdots)-(b+d+\cdots)$$

同样，该数除以11得到的余数与N除以11得到的余数相等。

这样，我们可以得出判断一个数能否被11整除的方法：若该数所有奇数位的数字之和减去该数所有偶数位的数字之和，差值为0或11的倍数，则该数能被11整除，否则就不能。

举个例子，判断87635064能否被11整除。

这个数奇数位的数字之和为

$$4+0+3+7=14$$

偶数位的数字之和为

$$6+5+6+8=25$$

它们的差为

$$14-25=-11$$

因此，该数可以被11整除。

判断一个不是很大的数是否能被11整除，还可以利用另一种方法：把这个数从右到左每两位数作为一个整体进行划分，划分后将数相加，如果所得的和能被11整除，则该数就能被11整除，否则就不能被11整除。比如我们要判断528是否能被11整除，可以将它分成两部分：5和28，它们的和为

$$5+28=33$$

33显然能被11整除，因此528也能被11整除。其实

$$528 \div 11=48$$

接下来，我们论证一下上述方法。设这个多位数为N，将其从右到左每两位数作为一个整体进行划分，得到数值依次为a，b，c，⋯⋯N的形式可以用

以下方式来表示：

$$N=a+100b+10000c+\cdots=a+100(b+100c+\cdots)$$

将这个数减去一个11的倍数99（$b+100c+\cdots$），差值就是

$$a+(b+100c+\cdots)$$

那么，这个差值除以11得到的余数应该等于N除以11得到的余数。再从该差值中减去一个11的倍数99（$c+\cdots$），一直如此进行下去，就会得到下面的结论：N除以11得到的余数等于下面这个数

$$a+b+c+\cdots$$

除以11得到的余数。

以上就是我们的论证。

逃逸汽车的车牌号码

【问题】三个数学系的大学生恰巧看到一辆汽车违反交通规则，但没有记住车牌号码，只记得号码是一个4位数，每人记住这个车牌号码的一些特征：第一个人记得该号码的前两位一样，第二个人记得该号码的后两位也一样，第三个人记得该号码正好是某个数的平方。根据这些特征你可以推算出

该号码是什么吗？

【解答】设该车牌号码的第一位数字为a，第二位为a，设第三位数字为b，第四位同样为b，那么这个数可以表示为：

$$1000a+100a+10b+b=1100a+11b=11(100a+b)$$

该数显然可以被11整除。又因为这是某个数的平方，所以它也一定能被11^2整除，也就是说（100a+b）能够被11整除。根据前面判断一个数能否被11整除的方法，（a+b）应该也能够被11整除。而a与b都是小于10的数，因此只可能为

$$a+b=11$$

又因为该号码是某个数的平方，而b是这个数的末位数字，所以b只会是以下数字的其中之一：

0，1，4，5，6，9

而b=11-a，所以说，a就是以下数字中的一个：

11，10，7，6，5，2

其中11和10不满足条件不予考虑，a与b只会是下面的组合：

a=7，b=4；

a=6，b=5；

a=5，b=6；

a=2，b=9。

即车牌号码会是以下数字的其中一个：

7744，6655，5566，2299

4个数中，6655能被5整除，却无法被25整除；5566能被2整除，但无法被4整除；而2299=121×19；所以，6655，5566，2299都不可能是某个数的平方。

事实证明，只有7744符合条件：$7744=88^2$。所以，这个车牌号码是7744。

可以被19整除的数

一个数能否被19整除的必要条件：这个数去掉个位数字之外的数，加上个位数字的2倍，得出的结果是19的倍数。下面我们来证明一下。

【解答】对于任意的数N，都可以将其表示为

$$N=10x+y$$

x表示这个数除了个位数字之外的数，y表示个位数字，接下来证明N能被19整除的充分必要条件为

$$N'=x+2y$$

是19的倍数。

上式两边都乘以10再减去N，可得：

$$10N'-N=10(x+2y)-(10x+y)=19y$$

显然，若N'为19的倍数，

$$N=10N'-19y$$

也能被19整除。反之，若N能被19整除，
$$10N'=N+19y$$
就是19的倍数，那么N'就能被19整除。我们来举个例子，用上述方法判定47045881能否被19整除。我们可以连续使用上面的判定方法，请看下面式子：

$$
\begin{array}{r}
4704588|1 \\
2 \\ \hline
47045|90 \\
18 \\ \hline
4706|3 \\
6 \\ \hline
471|2 \\
4 \\ \hline
47|5 \\
1\,0 \\ \hline
5|7 \\
14 \\ \hline
19
\end{array}
$$

很明显，最后的结果19能被19整除，因此47045881能被19整除。

我们以同样的方法可得出：57，475，4712，47063，470459，4704590，47045881都可以被19整除。

苏菲·热门的问题

【问题】法国著名的数学家苏菲·热门提出下面的问题：

证明：以 (a^4+4) 为形式的数一定是合数，$a \neq 1$。

【解答】(a^4+4) 可以表示为

$$a^4+4 = a^4+4a^2+4-4a^2$$
$$= (a^2+2)^2 - 4a^2$$
$$= (a^2+2)^2 - (2a)^2$$
$$= (a^2+2+2a)(a^2+2-2a)$$

这样 (a^4+4) 表示为两个因数的积。因为 $a \neq 1$，所以 a^2+2+2a 与 a^2+2-2a 都不等于 1，而且也不等于 (a^4+4)，也就是说，(a^4+4) 是合数。

合数的数量有多少？

在大于1的自然数中，除了1和它本身以外再没有其他因数的数叫素数，也称为质数，有无穷多个。

例如2，3，5，6，11，13，17，19，23，31……都是素数，无穷无尽，可以一直写下去。这些素数之间的数都是合数，素数把自然数分成长短不等的合数区段。那么，这些合数区段的具体长度是多少？是否存在1000个连续的合数，中间没有素数呢？

答案是肯定的。我们可以求证一下，在素数之间存在任意长度的连续合数区段。

方便起见，我们引入阶乘符号$n!$，$n!$表示从1到n这些数的连续相乘。例如，$5! = 1 \times 2 \times 3 \times 4 \times 5$。接下来，我们要证明以下数列是$n$个连续的合数。

$$[(n+1)! + 2], [(n+1)! + 3], [(n+1)! + 4], \cdots,$$

$$[(n+1)! + (n+1)]$$

很明显，后面一个数都比前面一个数大1，也就是它们是按自然数的顺序排列的。接下来我们证明这些数都是合数。

首先，来看第一个数。

$$(n+1)!+2=1\times 2\times 3\times 4\times 5\times\cdots\times(n+1)+2。$$

两个加数都是2的倍数，所以这是个偶数，当然也是合数。

再来看第二个数

$$(n+1)!+3=1\times 2\times 3\times 4\times 5\times\cdots\times(n+1)+3$$

以上两个加数都是3的倍数，所以它也是合数。

而第三个数

$$(n+1)!+4=1\times 2\times 3\times 4\times 5\times\cdots\times(n+1)+4$$

的两个加数都是4的倍数，因此该数也是合数。

同理，可以证明

$$(n+1)!+5$$

是5的倍数。

……

因此我们可以知道：该数列中，每个数都是合数。

举个例子，取$n=5$，我们能写出5个连续的合数：

$$722，723，724，725，726$$

但这并不是唯一的5个连续的合数，下面这5个数也是连续的合数：

$$62，63，64，65，66$$

下面的5个数也是连续的合数：

$$24，25，26，27，28$$

【问题】现在，请你写出10个连续的合数来。

【解答】根据上述分析，取$n=10$即可。因此，第一个数为

$$1\times 2\times 3\times 4\times 5\times\cdots 10\times 11+2=39916802$$

这10个连续的合数为：

39916802，39916803，39916804，…

而这10个连续的合数并不是最小的，下面13个连续的合数仅比100大一点：

114，115，116，117，…，126

素数的数量有多少

从上文我们得知，存在任意长度的连续合数区段，那么素数是不是也没有尽头呢？接下来我们就证明一下，素数也有无限多个。

古希腊数学家欧几里得已经证明过此问题，证明过程收录在他的著作《几何原本》中。欧几里得是通过"反证法"来证明的。假设素数的个数是有限的，并把最后一个素数设为N，则

$$1 \times 2 \times 3 \times 4 \times 5 \times \cdots \times N = N!$$

在这个阶乘后面加1可得

$$N! + 1$$

N为素数，该数大于N，所以该数是合数，至少有一个素数可以整除它。

但另一方面，（$N!+1$）除了1和它自身以外，不能被任何数整除，除出来的余数永远是1。

这是矛盾的。因此在自然数列中既有任意长度的连续合数列，也有无限多个素数。

已知最大的素数

我们知道素数行列没有尽头，却仍在探索哪些自然数是素数。那么，有没有最大的素数呢？分析一个自然数是否为素数必须通过计算，但这个数越大，计算量就越大。目前为止，人们已经证明的最大素数为

$$2^{2281}-1$$

这个数究竟有多大呢？假如换算成十进制，大概有700位。

有时不可忽视的差异

实际工作中时常会遇到一些纯算术运算,有时运算起来很麻烦,必须借助一些简单的代数方法。比如下面这个例子:

$$\frac{2}{1+\dfrac{1}{90000000000}}$$

这个数值是多大?意义何在?这个数在物理学科的相对论力学中意义重大。旧力学理论认为,若一个物体同时参与同方向的两种运动,这两种运动的速度分别是 v_1 和 v_2,那么总的速度就是(v_1+v_2)。但相对论力学认为,这时的总速度应该是下面的式子:

$$\frac{v_1+v_2}{1+\dfrac{v_1 v_2}{c^2}}$$

其中,c 表示真空中光的传播速度(通常取300000千米/秒)。若 v_1 和 v_2 都为1千米/秒,按照旧力学理论,总速度就是2千米/秒,但是在相对论力学中,这个总速度为:

$$\frac{2}{1+\frac{1}{90000000000}} \text{千米/秒}。$$

这两个数值的相差多少呢？从式子中可以看出这个差别非常小。那么，是否能用精密仪器测出差别呢？我们不妨先计算出这个差值。

我们分别用算术和代数两种方法，看哪种方法更简便。先来看算术方法。

将上面的分数改变一下，得出：

$$\frac{2}{1+\frac{1}{90000000000}} = \frac{180000000000}{90000000001}$$

然后用分子除以分母：

```
180 000 000 000 │ 90 000 000 001
 90 000 000 001   1.999 999 999 977…
 89 999 999 999 0
 81 000 000 000 9
  8 999 999 998 10
  8 100 000 000 09
    899 999 998 010
    810 000 000 009
     89 999 998 001 0
     81 000 000 000 9
      8 999 998 000 10
      8 100 000 000 09
        899 998 000 010
        810 000 000 009
```

```
        89 998 000 001 0
        81 000 000 000 9
        ─────────────────
         8 998 000 000 10
         8 100 000 000 09
        ─────────────────
           898 000 000 010
           810 000 000 009
        ─────────────────
            88 000 000 001 0
            81 000 000 000 9
        ─────────────────
             7 000 000 000 10
             6 300 000 000 07
        ─────────────────
               700 000 000 03
```

不难看出，这种方法十分麻烦，不仅耗时耗力，还容易出错。计算的时候，必须看清楚最后得到的商中有几个9，到第几位时才变成别的数字。

接下来看看代数方法，这个方法非常简便。我们先引入一个近似等式。假如一个分数a的值非常小，则

$$\frac{1}{1+a} \approx 1-a$$

只要在式子两边都乘以（1+a），即可得出

$$1=(1+a)(1-a)$$

即

$$1=1-a^2$$

因为这里的a很小，所以a^2更小，可以忽略。

现在来计算一下上面的那个数值：

$$\frac{2}{1+\dfrac{1}{90000000000}} = \frac{2}{1+\dfrac{1}{9\times 10^{10}}}$$

$$\approx 2(1-0.111\cdots\times 10^{-10})$$

$$=2-0.000000000222\cdots$$

$$=1.999999999777\cdots$$

最后得出结论,两种方法的计算结果相同,但代数方法更为简便。若读者了解相对论力学,就会明白代数方法对于相关问题的研究非常重要。这个结果还告诉我们,常见的物体速度根本无法跟光的速度相提并论。旧力学理论体系认为物体速度可以叠加,这一结果跟实际结果的差别可以忽略不计。

上面我们计算到小数点后十二位,而即便使用最精确的测量仪器也只能测量到小数点后第九位,一般精确到小数点后第三位到第四位。在爱因斯坦的相对论力学中,如果物体的运动速度比光速小很多,可以不考虑精确,但现实生活中的一些领域需要精确的计算。比如,在空间研究中卫星或火箭的运行速度已经达到10千米/秒,甚至更快,这时旧力学和相对论力学的差别就出来了。现代科技中这一差别已经体现在方方面面。

算术方法有时会更简单

我们知道代数对算术的帮助很大,但有时引入代数方法,反而会把问题复杂化。数学是一门关于方法的科学,利用它就是为了找出解决问题更简便的方法,至于究竟用代数、算术还是几何,我们并不关心。接下来,我们举例说明引入代数反而把问题搞得更复杂的情况。

找出一个最小的数,使其满足以下条件:用2除,余数为1;用3除,余数为2;用4除,余数为3;用5除,余数为4;用6除,余数为5;用7除,余数为6;用8除,余数为7;用9除,余数为8。

【解答】有的读者看到这个问题可能会想:"这个问题要列的方程太多了,没法解答嘛!"如果这样想,说明读者想借助代数方法求解,但这样只会使问题变得非常复杂。下面,我们用算术方法来解答一下。

将所求的余数加上1,再用2除,余数就是2,也就是说,这个数可以被2整除。同理可得,所求的数加上1后,也可以被3,4,5,6,7,8,9整除。

因此，这个数最小是
$$9 \times 8 \times 7 \times 5 = 2520$$
所求数字就是2519。

第四章

丢藩图方程

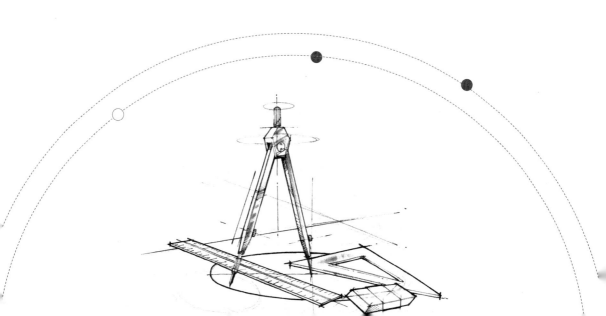

该怎样付钱

【问题】假如你在商店看中一件衣服，价格为19卢布，但你带的钱面值都是2卢布，而商店里的钱都是5卢布，那么该怎样付钱呢？

这个问题换一种说法，就是你应该给商店几张2卢布，商店应该找给你几张5卢布，商店才能正好收到19卢布？问题要求的未知数有两个：一个是2卢布面值钞票的张数x，另一个是5卢布面值钞票的张数y，但这样我们只能列出一个方程：

$$2x-5y=19$$

这个方程有无数个解，能否找到x与y都是正整数的解呢？这并不容易，需要寻找求解这类"不定方程"的方法。古希腊著名数学家丢藩图第一次把这种方法引入代数，因此这类方程被称为"丢藩图方程"。

【解答】我们以此为例来说明"不定方程"的解法。

$$2x-5y=19$$

其中x与y都是正整数。将该方程变形可得

$$2x=19+5y$$

所以
$$x = \frac{19}{2} + \frac{5y}{2} = 9 + 2y + \frac{y+1}{2}$$

等号右边的9和2y都是正整数，要想x是正整数，$\frac{y+1}{2}$必须是正整数。

假设$t = \frac{y+1}{2}$，则有
$$x = 9 + 2y + t$$
那么
$$2t = 1 + y$$
$$y = 2t - 1$$

把前面式子中的y用（2t-1）代替可得
$$x = 9 + 2(2t-1) + t = 5t + 7$$

来看下面的方程组
$$\begin{cases} x = 5t + 7 \\ y = 2t - 1 \end{cases}$$

不难看出，若t是整数，x和y必然是整数。这里的x和y必须是正整数，即它们都大于0：
$$\begin{cases} 5t + 7 > 0 \\ 2t - 1 > 0 \end{cases}$$

解不等式得出：
$$5t + 7 > 0 \Rightarrow 5t > -7 \Rightarrow t > -\frac{7}{5}$$
$$2t - 1 > 0 \Rightarrow 2t > 1 \Rightarrow t > \frac{1}{2}$$

t的取值范围是
$$t > \frac{1}{2}$$

由于t是整数，因此t可以取以下数值：

$$t=1,2,3,4\cdots$$

对应x和y的值分别为：

$$x=5t+7=12,17,22,27,\cdots$$

$$y=2t-1=1,3,5,7,\cdots$$

现在我们就知道如何付款了，如：

给商店12张2卢布钞票，商店找回你1张5卢布钞票：

$$12\times2-5=19$$

给商店17张2卢布钞票，商店找回你3张5卢布钞票：

$$17\times2-3\times5=19$$

这个问题的解在理论上讲是无限的。但是，对于你和商店来说不可能有无数张钞票。假如你们双方都只有15张钞票，这时就只有一个解：你给商店12张2卢布的钞票，商店找回你1张5卢布的钞票。

如果这个问题的条件变一下，比如你只有5卢布的钞票，而商店只有2卢布的钞票，读者自己计算一下，可得到下面的解：

$$x=5,7,9,11,\cdots$$

$$y=3,8,13,18,\cdots$$

$$5\times5-3\times2=19,$$

$$7\times5-8\times2=19,$$

$$9\times5-13\times2=19,$$

$$11\times5-18\times2=19,$$

$$\cdots$$

实际上，通过借助简单的代数方法，我们不用重新计算就可以从原题的解法中求出上面问题的解。原题中你付给商店5卢布的钞票，商店找回2卢布

的钞票,就相当于你付了-2卢布的钞票,商店找给你-5卢布的钞票。因此,依然可以用前面的方程求解:

$$2x-5y=19$$

不过这里要求的x和y都为负数。因此,由方程组

$$\begin{cases} x = 5t + 7 \\ y = 2t - 1 \end{cases}$$

得出

$$\begin{cases} 5t + 7 < 0 \\ 2t - 1 < 0 \end{cases}$$

解得

$$t < -\frac{7}{5}$$

取t=-2,-3,-4,-5……就可以得出x和y的值(如表4-1所示)。第一组解为x=-3,y=-5,也就是,你付给商店-3张2卢布的钞票,而商店找回你-5张5卢布的钞票,换句话说,就是你付给商店5张5卢布的钞票,而商店找你3张2卢布的钞票。另外几组解也可以用同样的方法进行解释。

t	-2	-3	-4	-5
x	-3	-8	-13	-18
y	-5	-7	-9	-11

表4-1

账目恢复

【问题】某商店在检查账本时,发现有两处账目被涂料盖住(如图4-1所示),只能看到一部分,而毛绒布已经卖出,再找回来核实不太现实。好在账本上的数字提供了一些线索,可以根据账目上未被盖住的数字部分将盖住的数字推算出来。那么,应该如何推测出这些数字来恢复账目呢?

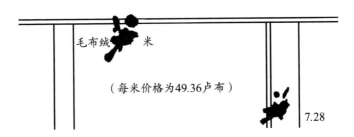

图4-1

【解答】设一共卖出x米的毛绒布,卖得钱数为4936x戈比(1卢布=100戈比)。

涂料盖住总金额的3个数字,只剩下最后3位数字"7.28",设被盖住3个

数字组成的3位数为y，我们可以用戈比来表示这个金额为

$$1000y+728$$

得到方程

$$4936x=1000y+728$$

两边同时除以8得

$$617x-125y=91$$

其中x和y都为大于0的整数。我们先求出y的值：

$$y = \frac{617x-91}{125} = 5x-1 + \frac{34-8x}{125}$$
$$= 5x-1 + \frac{2(17-4x)}{125}$$
$$= 5x-1+2t$$

因为x, y都是整数，所以$\frac{2(17-4x)}{125}$必须是整数。而2不能被125整除，所以$\frac{(17-4x)}{125}$必须是整数，我们可以用t来代替它，即：

$$\frac{17-4x}{125} = t$$
$$17-4x=125t$$

$$x = 4-31t + \frac{1-t}{4}$$
$$= 4-31t+t_1$$

令$t_1 = \frac{1-t}{4}$则

$$4t_1 = 1-t$$
$$t = 1-4t_1$$

所以

$$x = 125t_1 - 27$$

$$y = 617t_1 - 134$$

因为 y 是3位数,所以 $100 \leqslant y < 1000$,即

$$100 \leqslant 617t_1 - 134 < 1000$$

可得

$$\frac{234}{617} \leqslant t_1 < \frac{1134}{617}$$

显然,此时的 t_1 只能取1。

所以

$$x = 98$$

$$y = 483$$

也就是说,一共卖出了98米毛绒布,卖得在钱数为4837.28卢布。

每种邮票各需要买几张

【问题】邮票价钱分别为1戈比、4戈比和12戈比，用1卢布（1卢布=100戈比）买40张邮票，应该分别买几张？

【解答】设购买1戈比、4戈比与12戈比邮票的张数分别为x，y，z，则

$$x+4y+12z=100$$

$$x+y+z=40$$

根据这两个等式得出下面的式子

$$3y+11z=60$$

所以

$$y=20-\frac{11z}{3}$$

而$\frac{z}{3}$必须为整数，设$\frac{z}{3}=t$，则

$$y=20-11t$$

$$z=3t$$

把以上两个式子代入前面的方程得出

$$x+20-11t+3t=40$$

因此

$$x=20+8t$$

这样就得到了x，y，z和t的关系：

$$\begin{cases} x = 20 + 8t \\ y = 20 - 11t \\ z = 3t \end{cases}$$

因为$x>0$，$y>0$，$z>0$，所以t的取值范围只可以为

$$0 \leq t \leq 1$$

也就是说，t只可以是0或1。

当$t=0$时，

$$x=20,\ y=20,\ z=0$$

当$t=1$时，

$$x=28,\ y=9,\ z=3$$

可以验证答案：

$$20 \times 1+20 \times 4+0 \times 12=100$$
$$28 \times 1+9 \times 4+3 \times 12=100$$

综上所述，满足条件的共有两种组合。但如果要求每种邮票都要有，$t=1$是唯一的答案。在下节中还有一个类似的问题。

每种水果各需要买几个

【问题】已知水果的价格如下（如图4-2所示）：

图4-2

西瓜50戈比/个；

苹果10戈比/个；

李子1戈比/个。

用5卢布购买100个不同的3种水果，每种水果需要各买多少个？

【解答】设应该买的西瓜、苹果、李子的个数分别为x，y，z，可得出下面的方程：

$$\begin{cases} 50x+10y+z=500 \\ x+y+z=100 \end{cases}$$

两个式子相减可得

$$49x+9y=400$$

所以

$$y=\frac{400-49x}{9}$$
$$=44-5x+\frac{4(1-x)}{9}$$
$$=44-5x+4t$$

这其中

$$t=\frac{1-x}{9}$$

$$x=1-9t$$

将上式代入前面式子得到

$$y=44-5(1-9t)+4t=39+49t$$

将这里的 x 和 y 代入前面第二个方程得到

$$1-9t+39+49t+z=100$$

所以

$$z=60-40t$$

x，y，z 都为大于0的整数，即

$$\begin{cases} 1-9t>0 \\ 39+49t>0 \\ 60-40t>0 \end{cases}$$

可得

$$-\frac{39}{49} \leq t \leq \frac{1}{9}$$

而t只能是整数，所以t=0，进而可得

$$x=1, \quad y=39, \quad z=60$$

所以答案有且仅有一种这样的组合：应该购买1个西瓜、39个苹果和60个李子。

怎样推算生日

【问题】接下来做一个游戏，来检测对不定方程的解答是否熟练。

请你的朋友将他生日当天的日期乘以12，再把生日的月份乘以31，然后把这两个数相加的结果告诉你，你就能推算出他生日是几月几日。比如，你朋友的生日为2月9日，那么他会这样计算：

$$9 \times 12 = 108, \quad 2 \times 31 = 62,$$
$$108 + 62 = 170$$

那么，他告诉你计算的结果为170时，你该怎么推算出具体日期呢？

【解答】根据题意我们可以列出以下方程

$$12x+31y=170$$

x 和 y 都是正整数，并且

$$x\leqslant 31,\ y\leqslant 12$$

所以

$$x=\frac{170-31y}{12}$$
$$=14-3y+\frac{2+5y}{12}$$
$$=14-3y+t$$

其中 $\dfrac{2+5y}{12}=t$

所以

$$2+5y=12t$$

继而

$$y=\frac{-2+12t}{5}=2t-\frac{2(1-t)}{5}=2t-2t_1$$

其中 $\dfrac{1-t}{5}=t_1$

因此

$$1-t=5t_1$$
$$t=1-5t_1$$

所以

$$y=2t-2t_1$$
$$=2(1-5t_1)-2t_1$$
$$=2-12t_1$$
$$x=14-3y+t$$
$$=14-3(2-12t_1)+1-5t_1$$

$$=9+31t_1$$

而
$$0<x\leq 31,\ 0<y\leq 12$$

则 t_1 的取值范围是
$$-\frac{9}{31}<t_1<\frac{1}{6}$$

t_1 是整数，所以，t_1 只能取0，解得
$$x=9,\ y=2$$

从而得出朋友生日的具体日期是2月9日。实际上，这个游戏一定可以成功，因为这个问题的解只有一个。将朋友告诉你的数值记为 a，可得以下方程
$$12x+31y=a$$

这里我们需要采取"反证法"。假设上面方程的解有两个，分别为 x_1，y_1 和 x_2，y_2，其中，x_1 和 x_2 不大于31，y_1 和 y_2 不大于12。可得下面的等式
$$12x_1+31y_1=a$$
$$12x_2+31y_2=a$$

两式相减得
$$12(x_1-x_2)+31(y_1-y_2)=0$$

由于 x_1，x_2，y_1，y_2 均为整数，我们可得出 $12(x_1-x_2)$ 可以被31整除。而 x_1，x_2 都不大于31，所以 (x_1-x_2) 也小于31。而只有在 $x_1=x_2$ 时，$12(x_1-x_2)$ 才能被31整除，也就是说，这两个解相等，这与前面的假设相矛盾。换言之，前面的方程有唯一的解。

卖鸡

【问题】三姐妹去集市卖母鸡。第一个人带了10只，第二个人带了16只，第三个人带了26只。上午，鸡的价格相同，她们都卖出一部分母鸡。下午，鸡的价格仍相同，只不过比上午低。卖完全部母鸡后，三姐妹都卖得35卢布。问：她们在上午和下午卖出的价格分别为多少？

【解答】设上午卖出的母鸡数分别为x，y，z，则下午卖出的母鸡就分别是（10-x），（16-y），（26-z）。再设上午每只母鸡的价格是m，下午每只母鸡的价格是n，我们可以得到表4-2：

第一个人卖得的钱数是：$mx+n(10-x)$；

第二个人卖得的钱数是：$my+n(16-y)$；

第三个人卖得的钱数是：$mz+n(26-z)$。

卖出的母鸡数目				价格
上午	x	y	z	m
下午	10−x	16−y	26−z	n

表4-2

根据题意，她们卖得的钱数都为35卢布，因此，可得下面的方程组

$$\begin{cases} mx + n(10-x) = 35 \\ my + n(16-y) = 35 \\ mz + n(26-z) = 35 \end{cases}$$

变化一下三个方程得

$$\begin{cases} (m-n)x + 10n = 35 \\ (m-n)y + 16n = 35 \\ (m-n)z + 26n = 35 \end{cases}$$

第三个方程分别减去第一个方程与第二个方程得

$$\begin{cases} (m-n)(z-x) + 16n = 0 \\ (m-n)(z-y) + 10n = 0 \end{cases}$$

化简得

$$\begin{cases} (m-n)(x-z) = 16n \\ (m-n)(y-z) = 10n \end{cases}$$

以上两个方程相除得

$$\frac{x-z}{y-z} = \frac{8}{5}$$

即

$$\frac{x-z}{8} = \frac{y-z}{5}$$

因为 x，y，z 都是正整数，它们的差也应该是整数。如果上面的等式成立，需要满足下面的条件：($x-z$) 能被8整除，($y-z$) 能被5整除。假设

$$\frac{x-z}{8} = \frac{y-z}{5} = t$$

则

$$x = z + 8t$$

$$y = z + 5t$$

因为第一个人与第三个人卖的钱数相同，所以 $x > z$，所以 t 肯定是正整数。

而$x<10$，所以

$$z+8t<10$$

其中z和t都为正整数，满足这一条件的z、t值只有1。

将$z=1$，$t=1$代入前面的方程

$$\begin{cases} x=z+8t \\ y=z+5t \end{cases}$$

可得

$$x=9$$
$$y=6$$

再将x，y，z的值代入方程组

$$\begin{cases} mx+n(10-x)=35 \\ my+n(16-y)=35 \\ mz+n(26-z)=35 \end{cases}$$

得出

$$m=3\frac{3}{4}=3.75$$
$$n=1\frac{1}{4}=1.25$$

她们上午卖出的价格是3.75卢布，下午卖出的价格是1.25卢布。

自由的数学思考

【问题】上节题目一共包含5个未知数,用了3个方程。我们并没有采用常规方法来解那个方程组,而是采用自由数学思考的方式,这种方法也可以用来解二次不定方程。

例如,我们对两个正整数进行以下4种运算:

(1)相加;

(2)大数减去小数;

(3)相乘;

(4)小数除以大数。

将上面得到的所有结果相加得出243。这两个数分别是多少?

【解答】设这两个数分别为x和y,其中$x>y$。可得

$$(x+y)+(x-y)+xy+\frac{x}{y}=243$$

方程两边同时乘以y,简化可得

$$x(2y+y^2+1)=243y$$

而
$$2y+y^2+1=(y+1)^2$$
因此
$$x=\frac{243y}{(y+1)^2}$$

x和y都为整数,所以$(y+1)^2$必须整除243。$243=3^5$,能整除3^5的平方数只有1,3^2,9^2,也就是$(y+1)^2$等于1,3^2或9^2,进而可求出y等于2或8。

因此
$$x=\frac{243\times 2}{9}=54 \text{ 或 } x=\frac{243\times 8}{81}=24$$

最终求出这两个数分别是54与2或24与8。

怎样的矩形

【问题】一个矩形的长和宽都是整数,且该矩形的周长值正好等于它的面积值。问,这个矩形的长和宽分别为多少?

【解答】设这个矩形的长和宽分别为x和y,则有
$$2x+2y=xy$$

所以
$$x = \frac{2y}{y-2}$$
中x和y都为正整数，（y-2）应该也是大于0的正数，即$y>2$。

进一步转化得
$$x = \frac{2y}{y-2} = \frac{2(y-2)+4}{y-2} = 2 + \frac{4}{y-2}$$

x是正整数，因此$\frac{4}{y-2}$也必须是整数。又因为$y>2$，所以y只能取3，4或6，与此对应的x值为6，4或3。

所以该长方形的长和宽有两个解：一个是长为6、宽为4；另一个是边长为4的正方形。

有趣的两位数

【问题】数字46和96有一个有趣的特征：若将它们的十位数字和个位数字的位置进行调换，原数字和置换后数字的乘积不变，也就是$46\times96=4416=64\times69$。

接着，我们来找找有没有其他具备这种特征的两个数？

【解答】设这样两个数的十位数分别为x和z，个位数字分别为y和t，则

$$(10x+y)(10z+t)=(10y+x)(10t+z)$$

化简可得

$$xz=yt$$

x，y，z，t都小于10，且都是正整数。我们列出满足上述条件的所有数值：

$$1\times 4=2\times 2,$$
$$1\times 6=2\times 3,$$
$$1\times 8=2\times 4,$$
$$1\times 9=3\times 3,$$
$$2\times 6=3\times 4,$$
$$2\times 8=4\times 4,$$
$$2\times 9=3\times 6,$$
$$3\times 8=4\times 6,$$
$$4\times 9=6\times 6。$$

所以共有9种可能。每种组合对应此问题的一个答案。

如根据$1\times 4=2\times 2$可得

$$12\times 42=21\times 24$$

根据$1\times 6=2\times 3$可得

$$12\times 63=21\times 36$$

与

$$13\times 62=31\times 26$$

如此进行下去，可以得到以下的解：

$12 \times 42 = 21 \times 24$,

$23 \times 96 = 32 \times 69$,

$12 \times 63 = 21 \times 36$,

$24 \times 63 = 42 \times 36$,

$12 \times 84 = 21 \times 48$,

$24 \times 84 = 42 \times 48$,

$13 \times 62 = 31 \times 26$,

$26 \times 93 = 62 \times 39$,

$13 \times 93 = 31 \times 39$,

$34 \times 86 = 43 \times 68$,

$14 \times 82 = 41 \times 28$,

$36 \times 84 = 63 \times 48$,

$23 \times 64 = 32 \times 46$,

$46 \times 96 = 64 \times 69$。

整数勾股弦数的特征

土地测量通常使用一种既简单又准确的方法画垂线（如图4-3所示），步骤如下：

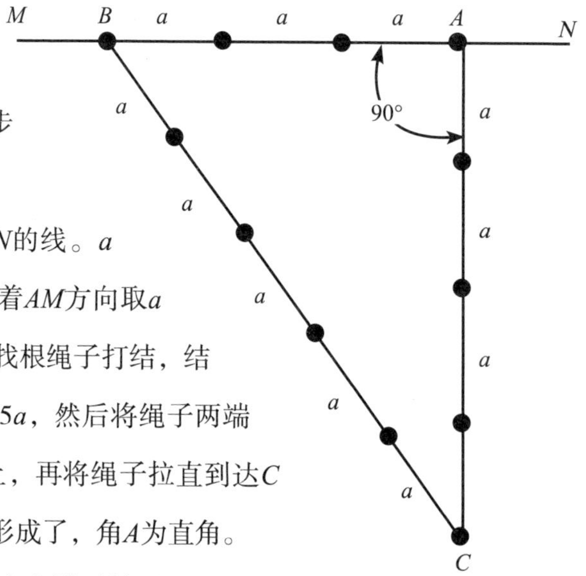

假设要过A作垂直于MN的线。a是任意长度，找根绳子先沿着AM方向取a的3倍，在上面打3个结，再找根绳子打结，结跟结之间的长度分别是4a和5a，然后将绳子两端的结分别固定在A点和B点上，再将绳子拉直到达C点。直角三角形ABC这样就形成了，角A为直角。

几千年以前，建造埃及金字塔时就用过此法，它利用的原理非常简单：边长之比为3：4：5的三角形必然是直角三角形，根据勾股定理很容易证明：

$$3^2+4^2=5^2$$

图4-3

除了3，4，5，还有很多正整数a，b，c也满足下面的等式：

$$a^2+b^2=c^2$$

满足上述条件的数a，b，c被称为"勾股弦数"，其中a，b称为三角形的"直角边"，也叫"勾"或"股"；c为三角形的"斜边"，也叫"弦"。

如果整数a，b，c满足上述关系，则pa，pb，pc也能满足上述关系，当然，这里的p是整数。如果满足上面关系的a，b，c有一个共同的乘数，我们将这个乘数约去，就会得到另一组满足上述关系的整数。这里我们只讨论最简单的勾股弦数，即互素的勾股弦数。

边长a，b，c中，直角边a，b肯定一个为偶数，另一个为奇数。若a，b都为偶数，那么（a^2+b^2）也必定为偶数，如此一来，a，b，c一定有公约数2，这与a，b，c互素的假设相矛盾。所以直角边a，b一定有一个是奇数。

那么，有没有这种情况，直角边a，b是奇数而斜边c是偶数呢？用同样的方法，我们能够证明这种情况不可能。如果两个直角边a，b都是奇数，我们不妨将它们表示为

$$(2x+1) \text{和} (2y+1)$$

则它们的平方和为

$$4x^2+4x+1+4y^2+4y+1$$
$$=4(x^2+x+y^2+y)+2$$

如果将上面结果用4除，会得到余数2。一个偶数的平方肯定能被4整除，因此可知，这个平方数不会是偶数的平方，所以我们得出，若a，b都是奇数，那么c一定也是奇数。

总而言之，在a，b，c中，直角边a，b必然有一个是奇数，有一个是偶数，而斜边c一定是奇数。

我们来证明一下。设直角边a是奇数，b是偶数，根据

$$a^2+b^2=c^2$$

可以得出

$$a^2=c^2-b^2=(c+b)(c-b)$$

所以，两个乘数（$c+b$）和（$c-b$）互为素数。

上述结论可以用"反证法"证明。假设（$c+b$）和（$c-b$）有一个共同的素因数，则它们的和

$$(c+b)+(c-b)=2c$$

差

$$(c+b)-(c-b)=2b$$

积

$$(c+b)(c-b)=a^2$$

应该都能被这个素因数整除，也就是$2c$，$2b$，a^2有公因数。而a为奇数，公因数不可能为2，也就是a，b，c有公因数，与假设相矛盾，所以（$c+b$）和（$c-b$）一定互为素数。

既然两个数互为素数，二者乘积又是某个数的平方，则数本身也应该是某个数的平方：

$$\begin{cases}(c+b)=m^2\\(c-b)=n^2\end{cases}$$

解方程组得

$$\begin{cases}c=\dfrac{m^2+n^2}{2}\\b=\dfrac{m^2-n^2}{2}\end{cases}$$

因此

$$a^2=(c+b)(c-b)=m^2n^2$$

$$a=mn$$

得出 a, b, c 的值为：

$$\begin{cases} a = mn \\ b = \dfrac{m^2 - n^2}{2} \\ c = \dfrac{m^2 + n^2}{2} \end{cases}$$

其中 m, n 都为奇数，且互为素数。

而对于任意互为素数的奇数 m, n，也可以利用上面的公式求出整数勾股弦数 a, b 和 c。下面列出一些勾股弦数：

$m=3$，$n=1$：$3^2+4^2=5^2$

$m=5$，$n=1$：$5^2+12^2=13^2$

$m=7$，$n=1$：$7^2+24^2=25^2$

$m=9$，$n=1$：$9^2+40^2=41^2$

$m=11$，$n=1$：$11^2+60^2=61^2$

$m=13$，$n=1$：$13^2+84^2=85^2$

$m=5$，$n=3$：$15^2+8^2=17^2$

$m=7$，$n=3$：$21^2+20^2=29^2$

$m=11$，$n=3$：$33^2+56^2=65^2$

$m=13$，$n=3$：$39^2+80^2=89^2$

$m=7$，$n=5$：$35^2+12^2=37^2$

$m=9$，$n=5$：$45^2+28^2=53^2$

$m=11$，$n=5$：$55^2+48^2=73^2$

$m=13$，$n=5$：$65^2+72^2=97^2$

$m=9$，$n=7$：$63^2+16^2=65^2$

$m=11$，$n=7$：$77^2+36^2=85^2$

这些数有一个规律，都是没有公因数的整数勾股弦数，而且都比100小。

勾股弦数有许多有趣的特征，诸如：

若一条直角边小于3，一条直角边小于4，斜边就应该小于5，读者朋友可以自己证明一下。

三次不定方程的解

整数3，4，5，6关系的如下：

$$3^3+4^3+5^3=6^3$$

该等式可以理解为：边长分别为3，4，5的三个正方体，其体积之和与边长为6的正方体体积相等（如图4-4所示）。柏拉图曾研究过满足这一关系的数字。

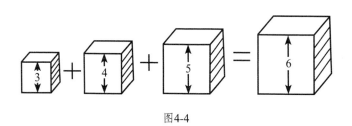

图4-4

我们也来探讨一下，看看能否找出其他这类等式，也就是解下面的方程：

$$x^3+y^3+z^3=u^3$$

设这里的$u=-t$以方便分析，则方程变为

$$x^3+y^3+z^3+t^3=0$$

接着我们来求解这个方程的整数解。设a，b，c，d和α，β，γ，δ是满足方程的两组解。后一组解同乘以k，跟前一组解两两对应相加。我们选择恰当的k值，使得下面的这组解

$$a+k\alpha, \quad b+k\beta, \quad c+k\gamma, \quad d+k\delta$$

与上面方程形式相同。即选择恰当的k值，使下面等式成立：

$$(a+k\alpha)^3+(b+k\beta)^3+(c+k\gamma)^3+(d+k\delta)^3=0$$

因为

$$a^3+b^3+c^3+d^3=0$$

$$\alpha^3+\beta^3+\gamma^3+\delta^3=0$$

因此，可以得出

$$3a^2k\alpha+3ak^2\alpha^2+3b^2k\beta+3bk^2\beta^2+3c^2k\gamma+3ck^2\gamma^2+3d^2k\delta+3dk^2\delta^2=0$$

即

$$3k\left[(a^2\alpha+b^2\beta+c^2\gamma+d^2\delta)+k(a\alpha^2+b\beta^2+c\gamma^2+d\delta^2)\right]=0$$

只要两个乘数中有一个为0，上面的等式就可以成立。如果$k=0$，我们构造出的解：

$$a+k\alpha, \quad b+k\beta, \quad c+k\gamma, \quad d+k\delta$$

仍然是a，b，c，d，没有任何意义。

因此，由

$$(a^2\alpha+b^2\beta+c^2\gamma+d^2\delta)+k(a\alpha^2+b\beta^2+c\gamma^2+d\delta^2)=0$$

得出
$$k=-\frac{a^2\alpha+b^2\beta+c^2\gamma+d^2\delta}{a\alpha^2+b\beta^2+c\gamma^2+d\delta^2}$$

也就是说,如果已经知道方程的两组解,只要在其中一组解的前面都乘以k,再加上另一组解的对应值,就可得到第三组解,k的值可用以上方法求得。

我们在本节开始部分就已经知道了一组解为3,4,5,-6,只要再求得另外一组解就可以。怎样找到这样的一组解呢?实际上很简单,可以取r,$-r$,s,$-s$。很明显,它们满足上面的方程,取:

$$a=3,\ b=4,\ c=5,\ d=-6$$
$$\alpha=r,\ \beta=-r,\ \gamma=s,\ \delta=-s$$

容易得出此时的k值为:

$$k=-\frac{-7r-11s}{7r^2-s^2}=\frac{7r+11s}{7r^2-s^2}$$

$a+k\alpha$,$b+k\beta$,$c+k\gamma$,$d+k\delta$分别等于:

$$\frac{28r^2+11rs-3s^2}{7r^2-s^2},\frac{21r^2-11rs-4s^2}{7r^2-s^2}$$
$$\frac{35r^2+7rs+6s^2}{7r^2-s^2},\frac{-42r^2-7rs-5s^2}{7r^2-s^2}$$

这4个值根据以上分析满足前面方程

$$x^3+y^3+z^3+t^3=0$$

在上面4个数中,分母一样的可以约掉。即下面的4个数也满足方程:

$$x=28r^2+11rs-3s^2$$
$$y=21r^2-11rs-4s^2$$
$$z=35r^2+7rs+6s^2$$
$$t=-42r^2-7rs-5s^2$$

将r和s分别取不同的整数值，可以得到方程的许多解。若方程的解有公因数，可以将其约去。比如，$r=s=1$时，解为36，6，48，-54，这时可以约去公因数6，得出6，1，8，-9。因此
$$6^3+1^3+8^3=9^3$$
我们列出方程的一些解如下：

$r=1$，$s=2$：$38^3+73^3=17^3+76^3$；

$r=1$，$s=3$：$17^3+55^3=24^3+54^3$；

$r=1$，$s=5$：$4^3+110^3=67^3+101^3$；

$r=1$，$s=4$：$8^3+53^3=29^3+50^3$；

$r=1$，$s=-1$：$7^3+14^3+17^3=20^3$；

$r=1$，$s=-2$：$2^3+16^3=9^3+15^3$；

$r=2$，$s=-1$：$29^3+34^3+44^3=53^3$；

……

如果将新得出的一组解换一下顺序，我们就可以得出一组新的解。比方说3，4，5，-6，令
$$a=3,\ b=5,\ c=4,\ d=-6$$
可得出
$$x=20r^2+10rs-3s^2$$
$$y=12r^2-10rs-5s^2$$
$$z=16r^2+8rs+6s^2$$
$$t=-24r^2-8rs-4s^2$$
不同的r和s可以得出方程的一些解

$r=1$，$s=1$：$9^3+10^3=1^3+12^3$

$r=1$,$s=3$:$23^3+94^3=63^3+84^3$

$r=1$,$s=5$:$5^3+163^3+164^3=206^3$

$r=1$,$s=6$:$7^3+54^3+57^3=70^3$

$r=2$,$s=1$:$23^3+97^3+86^3=116^3$

$r=1$,$s=-3$:$3^3+36^3+37^3=46^3$

……

通过这个方法，可以得出满足这个方程的无限多个解。

悬赏10万马克来求证费马猜想

据说，有人曾悬赏10万马克求证一个关于不定方程的题目，这个题目被称为费马定理或费马猜想，具体如下：

除了2次方，两个整数的同次方之和不可能等于另一个整数的同次方，也就是要证明：当$n>2$时，方程

$$x^n+y^n=z^n$$

没有整数解。

通过前文分析，我们得知方程

$$x^2+y^2=z^2$$

与

$$x^3+y^3+z^3=t^3$$

都有无限多个整数解，但我们却无法找到满足方程 $x^2+y^2=z^3$ 的整数解。

对于更高次数的方程，如4次方、5次方、6次方也找不到整数解，如此看来，费马定理应该是正确的。

悬赏者要求对该命题所有大于2次方的情况都要证明。

这个命题从提出到现在，已经过去3个多世纪了，但至今没有人成功将它证明[1]出来。很多著名的数学家都努力试过，但都只证明了其中的个别指数，并没有证明出所有的整数指数。

我们可以相信，费马定理一定被人证明过，只不过证明过程失传了。这一定理的提出者费马曾经说过，他知道如何证明这个命题，但在现存的资料中并没有找到相关资料，仅在丢藩图的著作中发现过费马留下的标注："我找到一种奇妙的方法来证明这个命题，但这个地方太小写不下。"

遗憾的是，在他的文稿和手稿中都没有找到这个证明。

后来，有很多数学家都想证明这个伟大的猜想，也取得了一些进展。如1797年，欧拉证明了3次方和4次方；1823年，勒让德证明了5次方；1840年，拉梅和勒贝格证明了7次方；1849年，库默证明了100以下的所有指数。但是，很多证明过程涉及的知识已超出费马所处时代的知识范围。因此，人们对费马究竟如何证明这个命题感到更加困惑。

---

[1] 该定理已经在1995年被英国数学家安德鲁·怀尔斯证明出来了。

如果对费马命题感兴趣，可以参考一下《伟大的费马定理》，作者在书中对费马定理的基本数学原理进行了介绍。

第五章

第六种数学运算方法

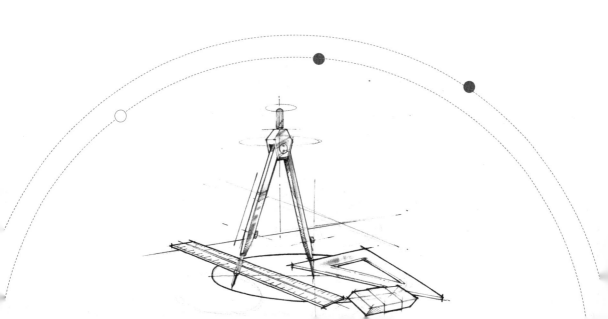

第六种运算方法——开方

加法和乘法只有一种逆运算，分别是减法和除法。不过对于第五种运算乘方却有两种逆运算：求底数和求指数。其中，求底数称为第六种运算，也叫开方；求指数称为第七种运算，也叫对数。那么，为何乘方的逆运算有两种，而加法和乘法的逆运算只有一种呢？原因在于，加法中两个数的位置能够互换，乘法也如此。但乘方的底数和指数不能互换，如$3^5 \neq 5^3$。因此，加法和乘法能够用相同的方法求出两个加数或乘数，但乘方的底数和指数的求法是不一样的。

我们用符号"$\sqrt{}$"表示第六种运算开方。为什么要用这个符号呢？原来，这个符号是拉丁文r的变形，r在拉丁文中是"根"的首字母。16世纪，人们用大写的拉丁字母R表示根号，还会在它的后面加上"平方"的首字母"q"，或"立方"的首字母"c"，以此来表示开几次方，比如

$$\sqrt{4352}$$

那时的写法是

$$R.q.4352$$

那时候的加号和减号也跟现在不同，分别用字母 p，m 表示。

括号用"⌊i ⌋"表示，所以我们看那时候的代数公式会很不习惯。

在古代数学家邦别利的书中有一个式子：

$$R.c.⌊R.q.4352p.16⌋m.R.c.⌊R.q.4352m.16⌋$$

转换成现在的代数语言是：

$$\sqrt[3]{\sqrt{4352+16}}-\sqrt[3]{\sqrt{4352-16}}$$

对于 $\sqrt[n]{a}$，我们还可表示成 $a^{\frac{1}{n}}$，这个符号是由16世纪荷兰著名数学家斯台文提出的。这种表示方法利于概括问题，可以把方根看作乘方，只不过这时候的指数是分数。

比较数的大小

【问题】$\sqrt[5]{5}$ 和 $\sqrt{2}$ 谁更大？这类问题我们可以用代数方法来解答，而不必算出它们的数值。

【解答】两个值都10次方可得

$$\left(\sqrt[5]{5}\right)^{10}=5^2=25$$
$$\left(\sqrt{2}\right)^{10}=2^5=32$$

32>25，所以
$$\sqrt[5]{5}<\sqrt{2}$$

【问题】$\sqrt[4]{4}$ 与 $\sqrt[7]{7}$ 哪个大？

【解答】把两个值都28次方，可得
$$\left(\sqrt[4]{4}\right)^{28}=4^7=2^{14}=2^7\times 2^7=128^2$$
$$\left(\sqrt[7]{7}\right)^{28}=7^4=7^2\times 7^2=49^2$$

128>49，因此
$$\sqrt[4]{4}>\sqrt[7]{7}$$

【问题】$(\sqrt{7}+\sqrt{10})$ 和 $(\sqrt{3}+\sqrt{19})$ 哪个大？

【解答】以上两个值平方可得
$$\left(\sqrt{7}+\sqrt{10}\right)^2=17+2\sqrt{70}$$
$$\left(\sqrt{3}+\sqrt{19}\right)^2=22+2\sqrt{57}$$

两式同减17可得
$$2\sqrt{70}\text{ 和}5+2\sqrt{57}$$

两值平方可得
$$280\text{和}253+20\sqrt{57}$$

两值同减253可得
$$27\text{和}20\sqrt{57}$$

$\sqrt{57}>2$，因此
$$20\sqrt{57}>40>27$$

所以

$$\sqrt{7}+\sqrt{10} < \sqrt{3}+\sqrt{19}$$

一看就知道

【问题】在下面的方程中，x应该等于多少？

$$x^{x^3}=3$$

【解答】如果你熟悉代数符号，很容易看出

$$x=\sqrt[3]{3}$$

$x=\sqrt[3]{3}$时：

$$x^3=\left(\sqrt[3]{3}\right)^3=3$$
$$x^{x^3}=x^3=3$$

所以$x=\sqrt[3]{3}$是方程的解。

如果你不能看一眼就得到答案，可以用以下方法求解。

设$x^3=y$，则$x=\sqrt[3]{y}$。

把x代入上面方程，可得

$$\left(\sqrt[3]{y}\right)^y = 3$$

同时 3 次方得出

$$y^y = 3^3$$

$y=3$，所以

$$x = \sqrt[3]{y} = \sqrt[3]{3}$$

代数闹剧

【问题】巧妙使用第六种运算，能够制造出一些代数闹剧，如下面的式子：$2 \times 2 = 5$，$2=3$……说这类情况是闹剧，是因为明明知道不正确，却不知道错误的原因。接下来，我们具体探究一下。

首先，来看一下"$2=3$"。如先列出完全正确的等式

$$4-10 = 9-15$$

再在式子两边都加上 $6\frac{1}{4}$，得到

$$4-10+6\frac{1}{4}=9-15+6\frac{1}{4}$$

然后，进行变换如下：

$$2^2-2\times 2\times \frac{5}{2}+\left(\frac{5}{2}\right)^2=3\times 3-2\times 3\times \frac{5}{2}+\left(\frac{5}{2}\right)^2$$

即

$$\left(2-\frac{5}{2}\right)^2=\left(3-\frac{5}{2}\right)^2$$

两边开根号得

$$2-\frac{5}{2}=3-\frac{5}{2}$$

两边都加上 $\frac{5}{2}$，则出现

$$2=3$$

这是为什么？究竟错在哪里呢？

【解答】可能有的读者已经看出来了，错在对

$$\left(2-\frac{5}{2}\right)^2=\left(3-\frac{5}{2}\right)^2$$

开根号的时候，得出

$$2-\frac{5}{2}=3-\frac{5}{2}$$

两个数的二次方相等并不能推出两个数就相等，如 $(-5)^2=5^2$，但 $-5\neq 5$。符号不同的两个数的平方有可能相等，如下面的例子：

$$\left(-\frac{1}{2}\right)^2=\left(\frac{1}{2}\right)^2$$

但是，$-\frac{1}{2}\neq \frac{1}{2}$。

下面再来看一个题目。

【问题】如图5-1所示，黑板上得出的结论是：

图5-1

$$2 \times 2 = 5$$

继续按照前面的方法。先列出下面正确的等式：

$$16-36=25-45$$

在式子两边同时加上 $20\frac{1}{4}$：

$$16-36+20\frac{1}{4}=25-45+20\frac{1}{4}$$

然后进行变换如下

$$4^2-2\times 4 \times \frac{9}{2}+\left(\frac{9}{2}\right)^2=5^2-2\times 5\times \frac{9}{2}+\left(\frac{9}{2}\right)^2$$

即

$$\left(4-\frac{9}{2}\right)^2=\left(5-\frac{9}{2}\right)^2$$

两边开根号得出

$$4-\frac{9}{2}=5-\frac{9}{2}$$

进一步得出

$$4=5$$

即

$$2\times 2=5$$

初学者很容易犯这种错误，闹出类似上面的笑话。

二次方程

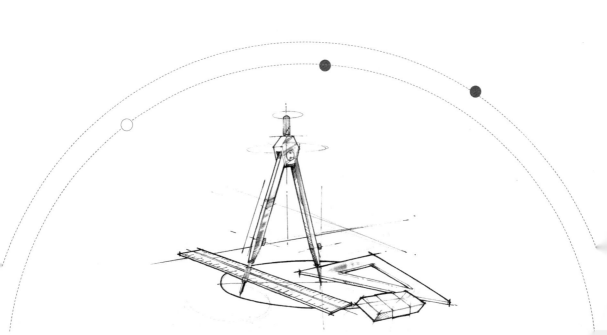

参会人员有多少

【问题】在一个会议上,所有参会人员都互相握了手,握手的总次数为66,请问参会人员共有多少人?

【解答】使用代数方法求解这个问题非常简单。设参加会议的人数为x,则每个人握手的次数就是($x-1$),握手的总次数是x($x-1$)。但当甲握乙的手时,乙也握了甲的手,而上面的总次数却将这两次握手都算了进去,也就是握手的次数应该是x($x-1$)的一半,于是我们可以得到下面的方程

$$\frac{x(x-1)}{2}=66$$

将括号去掉,两边同乘以2得:

$$x^2-x-132=0$$

解此方程可得

$$x=\frac{1\pm\sqrt{1+528}}{2}$$

即

$$x_1=12, x_2=-11$$

舍去不符合题意的负数，只剩下一个解$x=12$，参会人数为12人。

蜜蜂的数量是多少

【问题】古印度时期，曾盛行一种公开解答难题的竞赛，当时的数学教材甚至以帮助人们赢得竞赛为主旨。有一本教材中写道："根据这里介绍的方法，只要你足够聪明，就能想出来上千个另外的问题。那些提出问题并进行解答的人将在比赛中获得荣誉，就像太阳的光辉，使星星变得黯然无光。"在原来的教材中，问题都用韵文撰写，下面的问题是我就从中摘录，并翻译成现代语言：

一群蜜蜂在空中飞舞，有一些飞到枸杞丛里，这些蜜蜂的数量等于总数一半的平方根；剩下的蜜蜂数量为总数的$\frac{8}{9}$。此外，还有一只蜜蜂独自徘徊在一朵莲花旁，被一只陷入香花陷阱的同伴的叫声所吸引。问：这群蜜蜂有多少只？

【解答】设蜜蜂共有x只，我们可列出方程：

$$\sqrt{\frac{x}{2}}+\frac{9}{8}x+2=x$$

设 $\sqrt{\frac{x}{2}}=y$ 可得

$$x=2y^2$$

这样方程变成

$$y+\frac{16}{9}y^2+2=2y^2$$

也就是

$$2y^2-9y-18=0$$

方程的两个解是

$$y_1=6,\ y_2=-\frac{3}{2}$$

由于 $y=\sqrt{\frac{x}{2}}$，所以 y 应该是正数，我们将负数解舍去。由 $\sqrt{\frac{x}{2}}=6$ 得

$$x=72$$

也就是说，共有72只蜜蜂。我们可以验证一下这个答案

$$\sqrt{\frac{72}{2}}+\frac{8}{9}\times 72+2=6+64+2=72$$

由此可见，答案是对的。

猴子的数量有多少

【问题】继续来看一个古印度问题：

一群十分淘气的猴子分成两队嬉戏。八分之一再平方，蹦蹦跳跳钻树林，其余十二吱吱叫，摇头摇尾开怀笑。两队猴子真吵闹，算算一共有多少？

【解答】设共有x只猴子，可得：

$$\left(\frac{x}{8}\right)^2+12=x$$

求得：

$$x_1=48，x_2=16$$

两个解都符合题意，所以这个题目两个解，猴子的数量可能是48只，也可能是16只。

有预见能力的方程

在前面的几个例子中，我们对方程的两个解处理的方式不一样。第一个例子求参加会议的人数，需要舍掉不符合题意的负数解；第二个例子求蜜蜂的数量，我们舍弃了分数解；第三个例子我们则保留了两个解。方程有时会有一些意想不到的作用，帮助我们拓展思维。下面，我们就列举一个这样的例子。

【问题】垂直向上抛出一个皮球，皮球初速度是25米/秒，那么需要多长时间，皮球距离抛出点20米？

【解答】在忽略空气阻力的情况下，垂直向上抛的物体存在以下关系：

$$h = vt - \frac{1}{2}gt^2$$

h是物体达到的高度，v是初速度，g是重力加速度，t是物体从抛出开始经过的时间。

速度较低的时候，空气阻力很小，可忽略不计。为方便计算，重力加速度g取10米/秒^2，将已知数值代入上面式子，可得

$$20 = 25t - \frac{10}{2}t^2$$

化简

$$t^2 - 5t + 4 = 0$$

最后得出

$$t_1 = 1, \quad t_2 = 4$$

也就是说，皮球有两次距离抛出点20米，一次在抛出后1秒时，另外一次在抛出后4秒时。这似乎令人感到迷惑，有人可能会直接舍去第二个解。

向上抛皮球时，皮球确实有两次经过高度为20米的地方，一次在上升过程中，一次在下落过程中。深入分析后可知，当皮球抛出2.5秒时，皮球会达到最高点，距离抛出点31.25米处。皮球在抛出后1秒时达到20米，接着又上升1.5秒，达到最高点31.25米后下落，1.5秒后再一次到达20米，接着1秒后落回抛出点。

农妇卖鸡蛋

欧拉的著作《代数引论》中有这样一个问题：

【问题】两个农妇去集市上卖100个鸡蛋。虽然她们的鸡蛋数量不一样，最后卖的钱数是一样的。其中一个农妇对另一个农妇说："如果你的鸡蛋给我卖，能卖15个铜板。"另一个农妇说："如果你的鸡蛋给我卖，我只能卖$6\frac{2}{3}$个铜板。"问：她们分别带了多少个鸡蛋？

【解答】设第一个农妇带了x个鸡蛋，则另外一个农妇带了（100-x）个。

如果第一个农妇卖第二个农妇的（100-x）个鸡蛋，她可以卖15个铜板。所以，她卖鸡蛋的价格是每个$\frac{15}{100-x}$个铜板。

同理可得出，第二个农妇卖鸡蛋的价格是每个$\frac{6\frac{2}{3}}{x}=\frac{20}{3x}$个铜板。

所以，第一个农妇卖得的铜板数为

$$x \times \frac{15}{100-x} = \frac{15x}{100-x}$$

第二个农妇卖得的铜板数为

$$(100-x) \times \frac{20}{3x} = \frac{20(100-x)}{3x}$$

她们卖得的钱数相等，所以

$$\frac{15x}{100-x} = \frac{20(100-x)}{3x}$$

化简得

$$x^2+160x-8000=0$$

解得

$$x_1=40,\ x_2=-200$$

本题中的负数解没有任何意义，可舍去，得出答案：第一个农妇带的鸡蛋数量为40个，另一个农妇则带了60个。其实，该题还有一个非常容易的解法，但很少有人想到。

设第二个农妇带的鸡蛋数是第一个的k倍。因为她们卖的钱数相等,所以第一个农妇卖出每个鸡蛋的价格是第一个的k倍。如果她们卖鸡蛋之前对换鸡蛋的话,第一个农妇手中的鸡蛋数就是第二个农妇的k倍,而她的卖价也是第二个的k倍,所以她卖得的钱数应该是第二个农妇的k倍,即

$$k^2 = 15 \div 6\frac{2}{3} = \frac{45}{20} = \frac{9}{4}$$

所以

$$k = \frac{3}{2}$$

也就是说,第二个农妇的鸡蛋数是第一个农妇的$\frac{3}{2}$倍,由此很容易算出,第一个农妇带了40个鸡蛋,第二个农妇带了60个鸡蛋。

扩音器

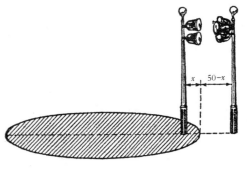

图6-1

【问题】如图6-1所示,广场上放置了两组扩音器,一组有2个扩音器,一组有3个扩音器,两组之间的距离是50

米。请问，哪个点的声音强弱是一样的？

【解答】设所求点到2个扩音器那组的距离为x，则另一组到这个点的距离就是（$50-x$），见图6-1。因为声音强弱与距离平方成反比，列方程如下：

$$\frac{2}{3}=\frac{x^2}{(50-x)^2}$$

化简得

$$x^2+200x-5000=0$$

解得

$$x_1=22.5,\ x_2=-222.5$$

对于方程的第一个解，我们很好理解，它说明所求点位于两组扩音杆之间，且与2个扩音器那组相距22.5米，与3个扩音器那组相距27.5米。那么，方程的第二个负数解是否有意义呢？其实，这个负号表示所求点位于与事先规定的正方向相反的方向上，距离2个扩音器那组222.5米，那距离3个扩音器那组222.5+50=272.5米。

根据上述方法，我们在连接扩音杆的直线上找到了两个点。其实，声音强弱都相同的位置不只有这两个，在图6-1阴影部分的圆周上，声音强弱都相同，圆周的直径就是刚才两个点之间的距离。此外，还可以得出，在图中圆周之外，3个扩音器那组的声音要强一些；在圆周部分，2个扩音器那组的声音要强一些。

火箭飞往月球

火箭飞往月球的问题与前文的扩音器问题相似。对于研究天空中某个微小物体的运动,大部分人会认为是很复杂的事,事实则不然。当火箭飞向月球时,只要能确保飞过地球和月球对它的引力相等的那个点就行,火箭会在月球的引力作用下继续后面的飞行,朝着月球飞去。我们下面就来找这个点。

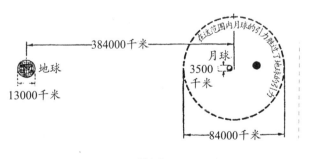

图6-2

依照牛顿定律,两个物体间的引力与它们质量的乘积成正比,与它们距离的平方成反比。如图6-2所示,设地球的质量为M,火箭与地球的距离为x,

则地球对每克火箭的引力为：

$$\frac{Mk}{x^2}$$

此式中，k表示在相距1厘米时1克质量和另外1克质量的引力。

同样，月亮对每克火箭的引力我们也可以轻松得出：

$$\frac{mk}{(l-x)^2}$$

式中，m表示月球的质量，l表示月球和地球之间的距离。需要说明的是，这里假设火箭在地球和月球之间的连线上。

由题意，可得

$$\frac{Mk}{x^2}=\frac{mk}{(l-x)^2}$$

$$\frac{M}{m}=\frac{x^2}{l^2-2lx+x^2}$$

依据掌握的知识，可以得出

$$\frac{M}{m}=81.5$$

把结果代入上式，可得

$$\frac{x^2}{(l-x)^2}=81.5$$

化简得

$$80.5x^2-163lx+81.5l^2=0$$

解得

$$x_1=0.9l,\ x_2=1.12l$$

我们可以按照前面扩音器的题目来解释这两个解的意义。在地球和月球的连线上，有地球和月球对火箭引力相同的两个点。第一个点存在于地球和月球之间，距离地球中心也就是月地距离0.9倍的地方；第二个点存在于地球和月球连线的延长线上,距离地球中心也就是月地距离1.12倍的地方,也就是说,这个点和地球位于月球的两边。由于月地距离大约是384000千米,所以这两个点距离地球中心分别约为346000千米和430000千米。

根据上一节的例子,在以此两个点为直径做成的球面上存在着任意一点,地球与月球对火箭的引力相等。也就是说,这些任意点都符合题目要求。

我们可以算出这个球的直径是

$$1.12l - 0.9l = 0.22l \approx 84000（千米）$$

一些读者可能会错误地认为:只要火箭飞入月球的引力范围,就一定会朝着月球飞去。换句话说,只要火箭飞入月球的引力范围,它就一定会落到月球表面,在这个范围内月球的引力比地球的引力大。那么,如果这是真的,关于飞向月球的问题就很容易解决了。

然而,以上结论并不正确,要证明这一点并不难。

地球引力的作用导致火箭发射升空之后,速度会下降,假如在它到达月球引力范围内时速度降为零,就不能继续朝月球飞去。

即使火箭飞到月球的引力范围之内,仍然会受到地球引力的作用,因此当火箭在地球和月球连线之外飞行时,不仅需要克服地球的引力,还要克服一个根据平行四边形法则形成的、并不直接指向月球的合力。

此外,月球的位置时刻处于运动变化之中,需要把火箭相对于月球的运动速度也考虑进来。因为月球绕地球的旋转速度为1千米/秒,火箭对月球的相对速度就不可以为零。相对于月球来说,火箭的运动速度必须足够大,才能确保月球对火箭的引力足够大,这时的火箭相当于月球的一颗卫星。

只有当火箭到达月球引力的范围内,月球引力才会对火箭产生作用。当火箭进入月球的影响范围,也就是在空间飞行至半径为66000千米的球形范围时,才需要考虑月球引力的影响。这时,我们只需要考虑月球的引力,地球的引力可以忽略不计,火箭自然而然向月球飞去。所以,要想让火箭飞向月球,并不是只需要入那个直径84000千米的球形范围那么简单。

画中的"难题"

如图6-3所示,可能有的读者朋友看过这幅画,这是出自波格丹诺夫-别尔斯基之手的名画《口算》。这幅画中有一道"难题",即使看过这幅画的人也不一定很了解。此"难题"就是让人们用口算迅速得出下式的答案:

$$\frac{10^2 + 11^2 + 12^2 + 13^2 + 14^2}{365}$$

这个问题看上去并不简单,但对于画中拉金斯基老师的学生来说并不难。拉金斯基是一位自然科学领域的教授,放

图6-3

弃了大学教授的职位,主动去乡村做了一名普通的数学老师。他曾经学习过口算,很了解数的特质。他发现:10,11,12,13,14这几个数具有如下特性:

$$10^2+11^2+12^2=13^2+14^2$$

又102+112+122=365,所以,我们很容易得出前面分式的答案为2。

正由于代数方法的存在,数的某些有趣特性才得以推广。读者可能会产生这样的疑问:除了前面的5个数以外,还有其他连续整数满足这个特性吗?

【解答】我们不妨假设存在这种可能,设其中第一个数为x,可列方程如下:

$$x^2+(x+1)^2+(x+2)^2=(x+3)^2+(x+4)^2$$

因为这个方程解起来比较麻烦,所以我们可以设第二个数为x,则可列出如下方程:

$$(x-1)^2+x^2+(x+1)^2=(x+2)^2+(x+3)^2$$

化简得

$$x^2-10x-11=0$$

解得

$$x_1=11,x_2=-1$$

那么满足这一条件的两组数分别为:

$$10,11,12,13,14$$

与

$$-2,-1,0,1,2$$

验证,

$$(-2)^2+(-1)^2+0^2=1^2+2^2$$

因而,这组数完全符合题目的要求。

找出3个数字

【问题】找出3个相邻的整数,满足中间那个数的平方比另外两个数的乘积大1。

【解答】设首个数为x,可列方程如下:

$$(x+1)^2 = x(x+2) + 1$$

化简得

$$x^2 + 2x + 1 = x^2 + 2x + 1$$

这显然是一个恒等式,该等式对于任何的数值都能成立。也就是说,任意相邻的3个整数,都会有上面的特性。

任意取3个整数如17,18,19举例,那么

$$18^2 - 17 \times 19 = 324 - 323 = 1$$

事实上,如果设中间的数为x,上述结论更容易得到,因为

$$x^2 - 1 = (x-1)(x+1)$$

显而易见是一个恒等式。

第七章

最大值与最小值

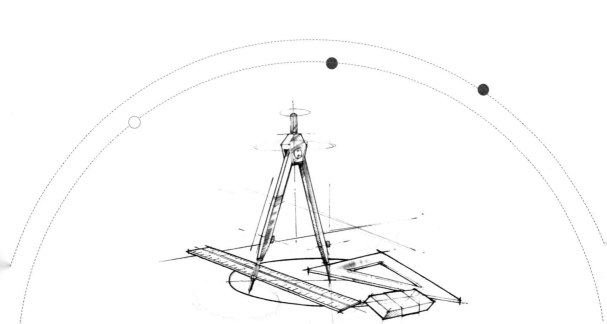

两列火车之间的最近距离

在本章，我们将探讨最大值或最小值的问题，这是很有意思的问题。虽然有很多方法解决该类问题，但在这里我们只介绍一种方法。

数学家切比舍夫的《地图绘制》中有这样一句话：有一种方法具有特殊意义，它帮助人们解决最普遍与最实际的问题，即怎样实现利益的最大化。

【问题】有两条垂直相交的铁路线，两列火车正同时开向交点。它们的出发点与交点分别相距40千米与50千米，速度分别为800米/分钟与600米/分钟。

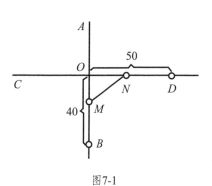

图7-1

那么，它们出发后多久，这两列火车的车头距离最近？最近距离是多少？

【解答】我们先画出示意图，如图7-1所示。两条铁路如直线AB和CD所示，两列火车分别从B点和D点出发，朝着O点行驶。

设两列火车出发x分钟后，车头的距离

最近，并设这个最近距离为$MN=m$。

则从B点出发的火车所行驶的路程$BM=0.8x$千米，那么

$$OM=40-0.8x$$

同理可得，$ON=50-0.6x$。

根据勾股定理列式如下

$$MN=m=\sqrt{OM^2+ON^2}=\sqrt{(40-0.8x)^2+(50-0.6x)^2}$$

整理得

$$m=4100-124x+x^2$$

化简得

$$x^2-124x+4100-m^2=0$$

解得

$$x=62\pm\sqrt{m^2-256}$$

因为x是出发后的时间，绝不能是虚数，所以（m^2-256）一定大于等于0，即$m^2 \geq 256$。只有当$m^2=256$时，才是m的最小值，即16。则x值为

$$x=62$$

也就是说，两列火车开出62分钟时，它们的车头距离最近，距离是16千米。

下面，我们求一下此时车头所在的位置。可以得出

$$OM=40-0.8x=40-0.8\times 62=-9.6$$

$$ON=50-0.6x=50-0.6\times 62=12.8$$

可知从B点出发的火车已行驶过交叉点9.6千米，而从D点出发的火车距离交叉点还有12.8千米，还没有行驶到交叉点，如图7-2所示，与我们开始所画的示意图不一样，M点和N点是两列火车此时所处的正确位置。

由此可见，正负号的存在有利于我们修正错误。

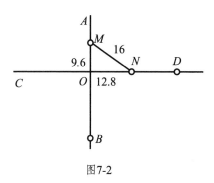

图7-2

车站应设在何处

【问题】如图7-3所示，距离这条铁路线一侧20千米的地方有一座村庄

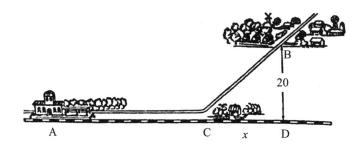

图7-3

B。现在要建设一座车站C，使沿着铁路线AC与沿着公路CB，即从A点到B点所用的时间最短。已知火车的行驶速度与沿着公路行进的速度为分别为0.8千米/分钟与0.2千米/分钟。问：应该把车站C建设在哪个位置？

【解答】设图中AD的距离是a，CD的距离是x，那么

$$AC = AD - CD = a - x$$

$$CB = \sqrt{CD^2 + BD^2} = \sqrt{x^2 + 20^2}$$

从A地乘坐火车到车站C所用的时间是

$$\frac{AC}{0.8} = \frac{a-x}{0.8}$$

从车站C步行到村庄B所用的时间是

$$\frac{CB}{0.2} = \frac{\sqrt{x^2 + 20^2}}{0.2}$$

则从A地到村庄B所用的总时间为

$$\frac{a-x}{0.8} + \frac{\sqrt{x^2 + 20^2}}{0.2}$$

问题也就是求上式的最小值。

设

$$\frac{a-x}{0.8} + \frac{\sqrt{x^2 + 20^2}}{0.2} = m$$

整理得

$$\frac{-x}{0.8} + \frac{\sqrt{x^2 + 20^2}}{0.2} = m - \frac{a}{0.8}$$

等号两边同乘0.8，得

$$-x + 4\sqrt{x^2 + 20^2} = 0.8m - a$$

然后设$k = 0.8m - a$，化简可得方程如下

$$15x^2 - 2kx + 6400 - k^2 = 0$$

解得

$$x = \frac{k \pm \sqrt{16k^2 - 96000}}{15}$$

由于$k=0.8m-a$,那么当m取最小值时,k也取最小值,相反也是如此。又由于x必须为实数,因此($16k^2-96000$)应该大于等于0。也就是说,$16k^2$的最小值是96000。这时,

$$16k^2 = 96000$$

当$k=\sqrt{6000}$时,m的值最小。这时,

$$x = \frac{k \pm 0}{15} = \frac{\sqrt{6000}}{15} \approx 5.16$$

所以,应该把车站C设在与D点相距5千米左右的地方。

在以上的分析过程中,我们并没有考虑a的大小,而是直接预设$a>x$,因而方程的解只有当$a>x$时才有意义。如果是$x=a\approx5.16$,或是$a<5.16$千米,就完全没有必要设置车站C,只需沿着公路从A点到B点就可以。

在本题中,我们需要考虑得比方程更周到。如果完全依靠方程,就会在$x=a$的情况下,继续将车站C建在车站A的旁边,完全成了一个笑话。因为在这种情况下,$x>a$,乘坐火车的时间成了负数。

这个问题带给读者一个启示,利用数学工具解决实际问题的时候,我们必须要非常细心,如果偏离实际,得出的结果也许会非常可笑。

怎样确定公路线

【问题】如图7-4所示,需要把一批货物从河边的A城运到下游方向的B处,已知B在河下游a千米的地方,并与河岸相距d千米。如果水路运费是公路运费的一半,为了使A城到B处的运费最少,想在点D处修一条通向B的公路,那么点D应该选在哪里呢?

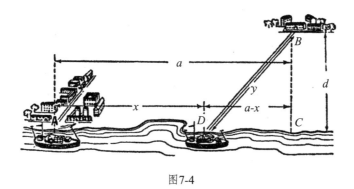

图7-4

【解答】设距离$AD=x$,公路长度$BD=y$,由题意可知,$AC=a$,$BC=d$。公路运费为水路运费的2倍,那么求最少的总运费,也就相当于求

$x+2y$ 的最小值。

由题意得，$x=a-DC$，又 $DC=\sqrt{y^2-d^2}$。设 $x+2y=m$，则有
$$a-\sqrt{y^2-d^2}+2y=m$$
去根号，得
$$3y^2-4(m-a)y+(m-a)^2+d^2=0$$
解得
$$y=\frac{2}{3}(m-a)\pm\frac{\sqrt{(m-a)^2-3d^2}}{3}$$
由于 y 必须为实数，所以 $(m-a)^2\geqslant 3d^2$。因而 $(m-a)^2$ 的最小值为 $3d^2$，此时
$$m-a=\sqrt{3}d$$
$$y=\frac{2(m-a)}{3}=\frac{2\sqrt{3}}{3}d$$

在图7-4中，$sin\angle BDC=\dfrac{d}{y}$，即
$$sin\angle BDC=\frac{d}{y}=\frac{d}{\frac{2\sqrt{3}}{3}d}=\frac{\sqrt{3}}{2}$$

所以，$\angle BDC=60°$。也就是说，只要使公路与河的夹角为60°，无论 a 有多长都满足条件。

在这个题目中，我们遇到了与上文相同的情况，方程的解只在某些特定的条件下才有意义。如果A城与点B的连线与河的夹角为60°，可以直接在A城和B之间修一条公路，根本不需要水路运输。

乘积何时为最大

本节介绍一下代数定理,借助代数定理能解决许多求变数的最大值或最小值的问题。在此之前,我们先看看下述问题。

【问题】如果两个数的和一定,想让它们的乘积最大,这两个数分别是多少?

【解答】将两个数的和设成a,那么需要求的两个数就可以这样表示

$$\left(\frac{a}{2}+x\right) 和 \left(\frac{a}{2}-x\right)$$

x表示每个数与$\frac{a}{2}$的差。那么,它们的乘积是

$$\left(\frac{a}{2}+x\right)\left(\frac{a}{2}-x\right)=\frac{a^2}{4}-x^2$$

显然x的值越小,此式的乘积就越大。当$x=0$,也就是这两个数相等时,它们的乘积最大。

接着,我们再看看3个数的情况。

【问题】把3个数的和设成a,如果使它们的乘积最大,那么这三个数分

别是多少?

【解答】我们需要用到上文中的结论来解决该问题。

如分别是互不相等的3个数,即任一个数都不是$\frac{a}{3}$,那么这其中必然有一个大于$\frac{a}{3}$,设该数为:

$$\frac{a}{3}+x$$

同样,这其中必然有一个数小于$\frac{a}{3}$,把这个数设为

$$\frac{a}{3}-y$$

又x与y都是正数,那么显然第三个数可以表示为

$$\frac{a}{3}+y-x$$

由于$\frac{a}{3}$与$\left(\frac{a}{3}+y-x\right)$的和等于$\left(\frac{a}{3}+x\right)$与$\left(\frac{a}{3}-y\right)$的和,而前面两个数的差$(x-y)$小于后两个数的差$(x+y)$。利用上个问题的结论,可得

$$\frac{a}{3}\left(\frac{a}{3}-y+x\right)>\left(\frac{a}{3}+x\right)\left(\frac{a}{3}-y\right)$$

这样的话,若将$\frac{a}{3}$和$\left(\frac{a}{3}+y-x\right)$改为$\left(\frac{a}{3}+x\right)$和$\left(\frac{a}{3}-y\right)$,保持第三个数不变,它们的乘积就会变大。

现在把其中一个数设为$\frac{a}{3}$,那么,另外两个数就可以表示为下式:

$$\left(\frac{a}{3}+z\right)\text{和}\left(\frac{a}{3}-z\right)$$

如果这两个数也为$\frac{a}{3}$,那么就会得到更大的乘积,如下

$$\frac{a}{3}\times\frac{a}{3}\times\frac{a}{3}=\frac{a^3}{27}$$

也就是说,如果把a分成互不相等的3个数,它们的乘积一定比上面的乘

积小。即将 a 平均分成3份时，它们的乘积是最大值。

同理。我们可以证明4个数、5个数，甚至更多数的情况。它们都是在各部分相等的时候乘积最大。

下面，我们继续讨论。

【问题】如果 $x+y=a$，那么当 x 与 y 分别是多少时，$x^p y^q$ 的值最大？

【解答】实际上，此题是求 x 为何值时，式子
$$x^p(a-x)^q$$
的值最大。

将上式乘以 $\dfrac{1}{p^p q^q}$，得
$$\frac{x^p}{p^p} \times \frac{(a-x)^q}{q^q}$$

很明显，当此式的值最大时，前面的式子才能取到最大值。

将上式进行变换，如下：
$$\underbrace{\frac{x}{p} \times \frac{x}{p} \times \cdots \times \frac{x}{p}}_{p\text{次}} \times \underbrace{\frac{a-x}{q} \times \frac{a-x}{q} \times \cdots \times \frac{a-x}{q}}_{q\text{次}}$$

以上所有乘数的和为
$$\underbrace{\frac{x}{p} + \frac{x}{p} + \cdots + \frac{x}{p}}_{p\text{次}} + \underbrace{\frac{a-x}{q} + \frac{a-x}{q} + \cdots + \frac{a-x}{q}}_{q\text{次}}$$
$$= \frac{px}{p} + \frac{q(a-x)}{q} = x + a - x = a$$

显然，它们的和为常数。

依照前面的分析，可以得出下面的结论：当每个乘数相同时，

$$\underbrace{\frac{x}{p} \times \frac{x}{p} \times \cdots \times \frac{x}{p}}_{p次} \times \underbrace{\frac{a-x}{q} \times \frac{a-x}{q} \times \cdots \times \frac{a-x}{q}}_{q次}$$

它们的乘积取最大值，即

$$\frac{x}{p} = \frac{a-x}{q}$$

时，上面的乘积最大。

由 $a-x=y$，可得出下面的式子：

$$\frac{x}{y} = \frac{p}{q}$$

也就是说，要使 $x^p y^q$ 取得最大值，需要 x 和 y 满足上面的关系。

同理可证：

在 $x+y+z$ 保持不变的情况下，当 $x:y:z=p:q:r$ 时，$x^p y^q z^r$ 值最大；

在 $x+y+z+t$ 保持不变的情况下，当 $x:y:z:t=p:q:r:u$ 时，$x^p y^q z^r t^u$ 值最大；

……

哪种情形下和最小

读者可试着证明下面的命题，验证自己对代数定理的证明能力。

（1）如果两个数的乘积一定，那么当两数相等时，它们的和最小。

比如，两个数的乘积是36，那这两个数可能是2和18，可能是3和12，可能是4和9，也可能是1和36，等等。当这两个数都是6时，它们的和是12，是最小的，其他组合的和都大于12：2+18=20，3+12=15，4+9=13，1+36=37，等等。

（2）如果几个数的乘积一定，那么当这几个数相等时，它们的和最小。

比如，3个数的乘积为216，这3个数可能是2，18和6，可能是9，6和4，也可能是3，12和6，等等。当这3个数都等于6时，它们的和为18，是最小的，其他的和都大于18：2+18+6=26，9+6+4=19，3+12+6=21，等等。

下面，我们通过一些实例，来说明如何应用这些命题。

哪种形状的方木梁体积最大

【问题】如图7-5所示，怎样锯才能把图中这根圆木锯成一根方木梁，并使方木梁的体积最大？

图7-5

【解答】设方木梁的矩形截面边长分别为x和y，圆木的直径为d，由勾股定理，可得出

$$x^2+y^2=d^2$$

显然，方木梁截面面积最大的时候体积最大。也就是说，xy取最大值的时候，它的体积最大。而xy取最大值时，x^2y^2也一定是最大值，根据上面的式子，可知(x^2+y^2)是定值，所以当$x^2=y^2$时，x^2y^2最大。也就是当$x=y$时，xy最大，此方木梁的截面为正方形。

关于两块土地的问题

【问题】（1）面积为定值的一块矩形地块，当它是什么形状时，周围的篱笆最短？

（2）一块周围篱笆长度为定值的矩形地块，当它是什么形状时面积最大？

【解答】（1）将矩形地块的边各设为x与y，那么其面积为xy，周围篱笆的长度为$(2x+2y)$。

联系前文的结论，由于xy为定值，当$x=y$时，$(x+y)$最小，进而$(2x+2y)$最小。也就是说，此地块为正方形。

（2）将矩形地块的两个边各设为x与y，其周围篱笆的长度为$(2x+2y)$，面积是xy。

联系前文的结论，由于$(2x+2y)$为定值，当$2x=2y$时，$2x \times 2y$最大，即当$x=y$时，xy最大。也就是说，此地块为正方形。

我们可以从上述问题中得出以下结论：在面积相等的所有矩形中，正方形的周长最短；在周长相等的所有矩形中，正方形的面积最大。

什么形状的风筝面积最大

【问题】一个周长固定的扇形风筝,要使它的面积最大,应该做成什么形状?

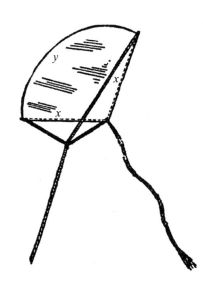

图7-6

【解答】这个问题事实上是在求:周长为定值的扇形,弧长与半径分别是多少,它的面积最大。

如图7-6所示,将扇形的半径设为x,弧长设为y,则周长l,则

$$l=2x+y$$

面积为

$$S=\frac{xy}{2}=\frac{x(l-2x)}{2}$$

题目就是求x为何值时,S的值最大。

由于$2x+(l-2x)=l$为定值,

所以,$2x(l-2x)$在$2x=(l-2x)$时值

最大。也就是说，当

$$x = \frac{l}{4}$$

$$y = l - 2x = l - 2 \times \frac{l}{4} = \frac{l}{2}$$

时，$2x(l-2x)$的值最大，即$x(l-2x)$的值最大，进而S的值最大。

综上所述，周长是定值的扇形，当半径为弧长的一半时面积最大。同时，我们还能得出扇形的角大约为115°，差不多有2弧度。当然，至于这样的风筝能不能飞起来，我们就不加探讨了。

修建房屋

【问题】一座房子只剩下一堵墙，已知此墙长为12米，现在以它为基础建造新房子，使新房面积达到112平方米。此外，现在的经济条件如下：

（1）修缮1米旧墙的花费是建新墙的25%；

（2）如果拆掉旧墙，然后用旧料建造新墙，那么每米的花费是用新料建新墙的50%。

那么，怎样利用这堵墙最划算呢？

【解答】将保留的旧墙长度设为x米（原来墙长为12米，现在变成x米），将另一边长设为y米。则被拆掉的部分长为（12-x）米，同时用拆下来的旧料建造新墙，如图7-7所示。

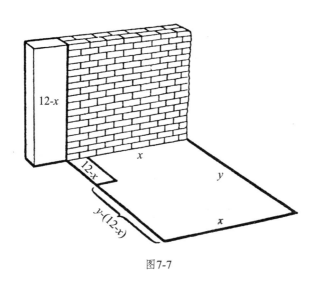

图7-7

设用新料建造1米新墙的费用为a，则修理x米旧墙（第一面墙）需要花费$\dfrac{ax}{4}$；对于第二面墙，用旧料建（12-x）米新墙需花费$\dfrac{a(12-x)}{2}$，其他费用为$a[y-(12-x)]$，即$a(y+x-12)$；建第三面墙需花费ax；建第四面墙需花费ay。所有费用共计

$$\frac{ax}{4}+\frac{a(12-x)}{2}+a(y+x-12)+ax+ay=\frac{a(7x+8y)}{4}-6a$$

显然，当（7x+8y）取最小值时，上式的值最小。

由于新房子的面积是112，那么xy=112，从而得出

$$7x \times 8y = 56 \times 112$$

这时，7x和8y的乘积是定值，所以当

$$7x=8y$$

时，（7x+8y）的值最小。

也就是

$$y = \frac{7}{8}x$$

时，花费最少。

将上式代入xy=112，可得

$$\frac{7}{8}x^2 = 112$$

所以

$$x = \sqrt{128} \approx 11.3$$

拆掉旧墙的长度是12-x=12-11.3=0.7米。

怎样使圈起来的面积最大

【问题】盖房子时需要先将工地用栅栏圈起来。现在，所有材料只够做成长l米的栅栏。此外，有一段旧墙可以做栅栏的一个边，如图7-8所示。

请问需要怎样做，才能使圈起来的面积最大？

【解答】设用了x米的旧墙替代栅栏的一条边，栅栏的宽为y米。

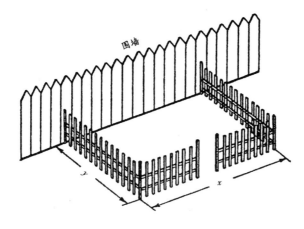

图7-8

则所需新栅栏的长度就是（$x+2y$）米，所以

$$x+2y=l$$

所圈的面积为

$$S=xy=y(l-2y)$$

现在要求S的最大值。由于

$$2y+(l-2y)=l$$

的值固定，所以当$2y=(l-2y)$时，$2y(l-2y)$的值最大，进而S的值也最大。

此时不难得出，

$$y=\frac{l}{4}$$

$$x=l-2y=\frac{l}{2}$$

就是$x=\frac{l}{2}$，$y=\frac{l}{4}$时，圈起来的面积最大。

怎样使截取的面积最大

【问题】如图7-9所示,要将这块矩形铁片做成一个截面为等腰梯形的槽。

这种槽的形式有很多,从图7-10和图7-11不难看出。那么,应该怎样做这个槽,才能使所截取的面积最大?

【解答】设铁片的宽度为1,槽侧面的宽度为x(即所截面等腰梯形的腰长是x),底面的宽度为y,并用未知数z表示图7-12所示的部分。

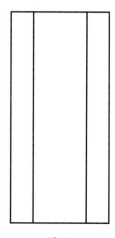

图7-9

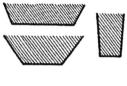

图7-10

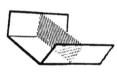

图7-11

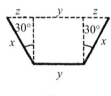

图7-12

梯形槽的截面面积为

$$S = \frac{(z+y+z)+y}{2}\sqrt{x^2-z^2} = \sqrt{(y+z)^2(x^2-z^2)}$$

这里的 $2x+y=l$ 为定值，为使面积 S 最大，要求出 x，y 和 z 的值。

对上式进行变换，得

$$S^2=(y+z)^2(x+z)(x-z)$$

等式两边同乘以3，得

$$3S^2=(y+z)^2(x+z)(3x-3z)$$

由此可得出右边4个乘数之和为

$$(y+z)+(y+z)+(x+z)+(3x-3z)=2y+4x=2l$$

为固定值。根据前文的结论，当这4个乘数相等时，它们的乘积最大，即

$$y+z=x+z$$

$$y+z=3x-3z$$

很容易得出

$$x=y=\frac{l}{3}$$

$$z=\frac{x}{2}=\frac{l}{6}$$

从图7-12中看到，由于在两个三角形中，直角边 z 是斜边 x 的一半，所以直角边 z 对应的角是30°，进而底边跟梯形腰的夹角是120°。

也就是说，当槽的截面是正六边形的3个相邻边时，该槽的截面积最大。

怎样使漏斗的容量最大

【问题】如图7-13所示,要在圆形铁片上切掉一个扇形做一个漏斗,为使做成的漏斗容量最大,被切去的扇形内角应该为多少度?

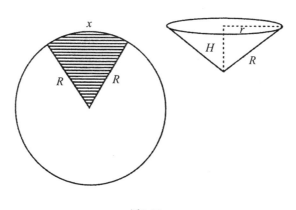

图7-13

【解答】将切掉的扇形圆铁片弧长设为x,半径用R表示。则做成的圆锥形漏斗的母线也是R,其底面周长为弧长,即x。

因此漏斗的底面半径r为

$$r = \frac{x}{2\pi}$$

由勾股定理可得圆锥的高是

$$H = \sqrt{R^2 - r^2} = \sqrt{R^2 - \frac{x^2}{4\pi^2}}$$

所以，圆锥的体积是

$$V = \frac{\pi r^2 H}{3} = \frac{\pi}{3}\left(\frac{x}{2\pi}\right)^2 \sqrt{R^2 - \frac{x^2}{4\pi^2}}$$

等式两边平方后再除以 $\left(\frac{\pi}{3}\right)^2$，再乘以2得

$$\frac{18V^2}{\pi^2} = \left(\frac{x}{2\pi}\right)^4 \left[2R^2 - 2\left(\frac{x}{2\pi}\right)^2\right] = \left(\frac{x}{2\pi}\right)^2 \left(\frac{x}{2\pi}\right)^2 \left[2R^2 - 2\left(\frac{x}{2\pi}\right)^2\right]$$

上式右面3个乘数满足下列关系

$$\left(\frac{x}{2\pi}\right)^2 + \left(\frac{x}{2\pi}\right)^2 + \left[2R^2 - 2\left(\frac{x}{2\pi}\right)^2\right] = 2R^2$$

其为定值，根据前面的结论可得，当

$$\left(\frac{x}{2\pi}\right)^2 = 2R^2 - 2\left(\frac{x}{2\pi}\right)^2$$

时，上式的值最大，此时

$$3\left(\frac{x}{2\pi}\right)^2 = 2R^2$$

不难得出

$$x = \frac{2\sqrt{6}}{3}\pi R \approx 5.15R$$

换算成弧度的话，大概是295°，即切掉的扇形内角应该是

$$360° - 295° = 65°$$

怎样把硬币照得最亮

【问题】如图7-14所示,桌上点着一支蜡烛,蜡烛旁边有一枚硬币。当火焰离桌面多高时,才能把硬币照得最亮?

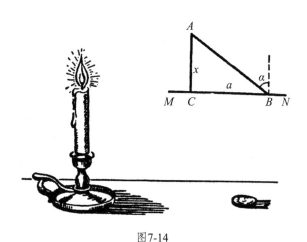

图7-14

【解答】有些读者可能会认为,只要火焰足够低,就能将硬币照得最亮,而事实上并非如此。光线在火焰太低的情况下会斜照着硬币,在火焰太高的情况下又会远离硬币,必须将火焰调到适当的高度,才能把硬币照得最亮。

我们设火焰的高度为x；火焰的投影C到硬币B的距离为a，火焰的光度为i。根据光学定律，可得硬币的光度是

$$\frac{i}{AB^2}\cos\alpha = \frac{i\cos\alpha}{\left(\sqrt{a^2+x^2}\right)^2} = \frac{i\cos\alpha}{a^2+x^2}$$

其中α表示投射角，也就是光线AB与桌面垂线的夹角。所以

$$\cos\alpha = \cos\angle A = \frac{x}{AB} = \frac{x}{\sqrt{a^2+x^2}}$$

于是，前面的式子

$$\frac{i\cos\alpha}{a^2+x^2} = \frac{i}{a^2+x^2} \cdot \frac{x}{\sqrt{a^2+x^2}} = \frac{ix}{(a^2+x^2)^{\frac{3}{2}}}$$

的平方为

$$\frac{i^2 x^2}{(a^2+x^2)^3} = i^2 \cdot \frac{a^2+x^2-a^2}{(a^2+x^2)^3} = i^2 \cdot \frac{1}{(a^2+x^2)^2}\left(1 - \frac{a^2}{a^2+x^2}\right)$$

可以不用考虑上式中的常数i，只需要考虑余下部分

$$\frac{1}{(a^2+x^2)^2}\left(1 - \frac{a^2}{a^2+x^2}\right)$$

用上式乘以a^4，x的取值对乘积取得最大值没有任何影响，所以

$$\frac{a^4}{(a^2+x^2)^2}\left(1 - \frac{a^2}{a^2+x^2}\right) = \left(\frac{a^2}{a^2+x^2}\right)^2\left(1 - \frac{a^2}{a^2+x^2}\right)$$

而

$$\frac{a^2}{a^2+x^2} + \left(1 - \frac{a^2}{a^2+x^2}\right) = 1$$

为定值，根据前面的结论，当

$$\frac{a^2}{a^2+x^2} : \left(1 - \frac{a^2}{a^2+x^2}\right) = 2:1$$

时，前边乘积的值最大，即

$$\frac{a^2}{a^2+x^2} = 2\left(1 - \frac{a^2}{a^2+x^2}\right)$$

化简得
$$a^2 = 2[(a^2+x^2) - a^2]$$
解得
$$x = \frac{a}{\sqrt{2}} \approx 0.71a$$

也就是说，当蜡烛的火焰离桌面的高度是火焰的投影到硬币距离的0.71倍时，硬币被照得最亮，这一结论对于设置舞台灯光具有借鉴意义。

级　数

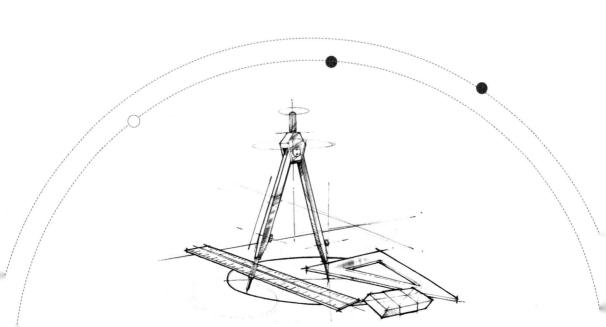

最久远的级数

【问题】级数是一个非常久远的问题。早在2000多年以前,国际象棋的发明者就提出了报酬的问题,而这还不是最古老的。比这更久远的是著名的埃及林德氏草纸本中一个关于分面包的问题。这个草纸本是林德氏在18世纪末发现的,据相关考证,它大约出现在公元前2000年。此外,草纸本中涉及的一些其他数学著作,可能要追溯到大约公元前3000年。许多关于算术或代数的问题在该草纸本中有所提及。下面这道题目就出自其中:

有100份面包要分给5个人。第二个人比第一个人多分的量,等于第三个人比第二个人多分的量,也等于第四个人比第三个人多分的量,还等于第五个人比第四个人多分的量。除此之外,前面两人分的量为后面三个人分的量的$\frac{1}{7}$。那么,每个人分得的面包是多少份?

【解答】很明显,每个人所分得的面包数呈递增的级数。假如把第一个人分得的面包数设为x份,第二个人比第一个人多分了y份,那么

第一个人的面包数……………………………………………x;

第二个人的面包数……………………………………………$x+y$；

第三个人的面包数……………………………………………$x+2y$；

第四个人的面包数……………………………………………$x+3y$；

第五个人的面包数……………………………………………$x+4y$。

那么，可得出

$$\begin{cases} x+(x+y)+(x+2y)+(x+3y)+(x+4y)=100 \\ 7[x+(x+y)]=(x+2y)+(x+3y)+(x+4y) \end{cases}$$

化简第一个方程得

$$x+2y=20$$

化简第二个方程得

$$11x=2y$$

不难得出

$$x=1\frac{2}{3}, \ y=9\frac{1}{6}$$

也就是应该把100份面包分成下面5份

$$1\frac{2}{3}, \ 10\frac{5}{6}, \ 20, \ 29\frac{1}{6}, \ 38\frac{1}{3}$$

运用方格纸推导公式

级数问题的历史可以追溯到5000年前,但级数问题出现在学校教育中并没有那么早。200多年前,马格尼茨基出版的一本教材中提到了级数,但教材中并没有出现计算级数的公式。我们可以通过方格纸来对级数的求和进行推算,用阶梯式的图形将级数表示在方格纸上。如图8-1所示,此图形表示的级数是

2,5,8,11,14

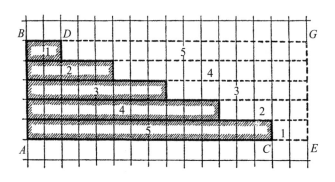

图8-1

我们将原有的阶梯式图形扩展成矩形ABGE，以此来得到两个全等的图形，即ABDC和GECD。它们的面积就是该级数的各项之和。也就是说，级数的各项之和是矩形ABGE面积的一半。而矩形ABGE的面积

$$S_{ABGE}=(AC+CE)\times AB=80$$

需要注意的是，（AC+CE）表示级数的首项与末项之和，AB表示级数的项数。所以

$$2S=首项和末项之和\times 项数$$

即

$$S=\frac{(首项+末项)\times 项数}{2}=40$$

园丁走了多少路程

【问题】一片共有30畦（qí）的菜园，每畦长和宽分别是16米和2.5米。如图8-2所示，园丁要从距菜园边界14米处的一口井中提水浇菜。

他每次所提的水只够浇一畦，并且在浇水的时候还需要沿着畦边走一圈。那么，他浇完全部菜园需要走多少路程？（园丁的起点和终点都在

井边）

图8-2

【解答】他在浇距离井最近的第一畦菜时，所走的路程是

$$14+16+2.5+16+2.5+14=65（米）$$

那么，浇第二畦菜时所走的路程是

$$14+2.5+16+2.5+16+2.5+2.5+14=65+5=70（米）$$

不难得出，他每浇下一畦菜时所走的路程都比上一畦多5米。

也就是说，他每浇一畦所走的路程为下列级数：

$$65，70，\cdots，65+5\times 29$$

那么此级数的和是

$$\frac{(65+65+5\times 29)\times 30}{2}=4125（米）$$

所以他浇完这片菜园所走的全部路程是4125米。

喂鸡

【问题】有31只鸡，如果按照每只鸡每周吃一斗饲料的标准备好一批饲料，在每周都会减少一只鸡的情况下，饲料刚好可以维持原来时间的二倍，问最初准备了多少饲料？这批饲料原来能维持长时间？

【解答】将最初准备的饲料设为x，原来能维持的时间设为y周，显然有以下关系

$$x=31y$$

如果每周都减少一只鸡，那么第一周吃了31斗饲料，第二周吃了30斗饲料，第三周吃了29斗饲料，……，第$2y$周吃了（$31-2y+1$）斗饲料[①]。

显然，这是个项数是$2y$的级数，31是首项，（$31-2y+1$）是末项，最初准备的饲料x是它们的和。所以

[①] 每周消耗的数量存在以下规律：第一周……31斗，第二周…（31-1）斗，第三周…（31-2）斗，……，第2y周…（31-2y+1）斗。

$$x = 31y = \frac{(31+31-2y+1) \times 2y}{2} = (63-2y)y$$

化简得

$$(63-2y)y = 31y$$

由于y不等于0，可以约去，得

$$y = 16$$

所以

$$x = 496$$

即最初准备了496斗饲料，原计划维持16周的时间。

挖沟

【问题】如图8-3所示，学校组织部分学生挖沟。如果这些学生全部参与，24小时就能挖完。但是，刚开始只有一个学生挖，过了一段时间第二个学生也来挖，又过了相同的时间第三个学生也来挖，又过了相同时间第四个学生也来挖……直到最后这些学生全部参与。经过计算，我们发现，第一个学生的工作时间正好是最后一个学生的工作时间的11倍。

那么，最后那个学生工作了多长时间？

图8-3

【解答】设最后那个学生工作了x小时，挖这条沟的共有y人。那么第一个学生工作了$11x$小时。每个学生的工作时间为递减级数，共y项。因而可得

$$\frac{(11x+x)\times y}{2}=6xy$$

又由于y个学生共同参与需要24小时挖完，那么总工作量就是$24y$，所以

$$6xy=24y$$

因为y不等于0，可以约掉，于是有

$$6x=24$$

$$x=4$$

也就是说，最后一个学生挖了4个小时。需要说明的是，如果题目让根据已知条件求共有多少学生参与挖沟（y的值），我们是无法解决的。因为没有给出足够的条件。

原来苹果个数为多少

【问题】有一个水果店,第一位顾客买走店中所有苹果的一半加半个,第二位顾客又买走了剩下的一半加半个,第三位也买走了剩下的一半加半个,……,当第七个顾客也买走剩下的一半加半个后,此时苹果刚好卖光。那么原来水果店中共有多少个苹果?

【解答】把原来的苹果设为 x,那么第一位顾客买了

$$\frac{x}{2}+\frac{1}{2}=\frac{x+1}{2} \text{(个)}$$

第二位顾客买了

$$\frac{1}{2}\left(x-\frac{x+1}{2}\right)+\frac{1}{2}=\frac{x+1}{2^2} \text{(个)}$$

第三位顾客买了

$$\frac{1}{2}\left(x-\frac{x+1}{2}-\frac{x+1}{2^2}\right)+\frac{1}{2}=\frac{x+1}{2^3} \text{(个)}$$

……

第七位顾客买了

$$\frac{x+1}{2^7} \text{（个）}$$

因而可得：

$$\frac{x+1}{2} + \frac{x+1}{2^2} + \frac{x+1}{2^3} + \cdots + \frac{x+1}{2^7} = x$$

也就是

$$(x+1)\left(\frac{1}{2} + \frac{1}{2^2} + \frac{1}{2^3} + \cdots + \frac{1}{2^7}\right) = x$$

括号中是一个几何级数的和，它为 $\left(1 - \frac{1}{2^7}\right)$。所以

$$\frac{x}{x+1} = 1 - \frac{1}{2^7}$$

解得

$$x = 2^7 - 1 = 127$$

因此原来水果店中共有127个苹果。

买马需要花多少钱

【问题】如图8-4所示，一个人将自己养的一匹马卖了156卢布。后来

买马的人反悔,想把马退回去,说:"你的马根本不值那么多钱,我不买了。"卖主说:"每只马蹄铁上都有6颗钉子,只要你把所有的钉子都买下,我把马白送给你。

图8-4

钉子的价格是这样的:第一颗钉子是$\frac{1}{4}$戈比①,第二颗钉子是$\frac{1}{2}$戈比,第三颗钉子是1戈比,……,以此类推。"

买主听完钉子的价格后动了心,以为那些钉子最多不会超过10卢布,就接受了这个条件。问:买钉子究竟得花多少钱?

【解答】由共有24颗钉子,可得

$$\frac{1}{4}+\frac{1}{2}+1+2+4+\cdots+2^{24-3}$$

这是一个几何级数的和,等同于

---

① 1卢布=100戈比。

$$\frac{2^{21} \times 2 - \frac{1}{4}}{2-1} = 2^{22} - \frac{1}{4} = 4194303\frac{3}{4}$$

也就是大约42000卢布。以这样的价格，卖主当然愿意将马白送了。

抚恤金发放

在俄国一本非常古老的数学教材中，有这样一个问题：

【问题】古代有个国家规定：如果士兵受一次伤，可得到1戈比的抚恤金；如果受两次伤，可得到2戈比的抚恤金；如果受3次伤，可得到4戈比的抚恤金，……，以此类推。

有个士兵一共得到655.35卢布。那么这位士兵共受过几次伤？

【解答】设这位士兵共受伤x次，可得：

$$65535 = 1 + 2 + 4 + \cdots + 2^{x-1}$$

也就是

$$65535 = \frac{2^{x-1} \times 2 - 1}{2 - 1} = 2^x - 1$$

所以

$$65536 = 2^x$$

$$x=16$$

因此，按照上面国家规定的抚恤制度，这个士兵获得655.35卢布，一共受伤16次。他真是个英雄，能够活下来真是非常幸运。

第九章

第七种数学运算方法

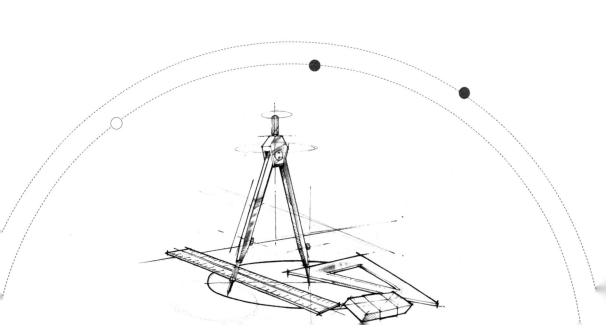

第七种数学运算——取对数

我们在第五章中提到过代数的第五种运算有两种逆运算,分别是开方和取对数。如:

$$a^b=c$$

让求 a 就是开方,让求 b 就是取对数。对于下述表达式

$$a^{\log_a b}$$

如果学习过中学数学课本的内容,应该对此有所了解,能计算出它的值。不难理解,如果将上式的底数 a 进行乘方,并且这个乘方的次数是以 a 为底 b 的对数,那么结果就正好等于 b。

毫无疑问,发明对数就是为了使运算更简便。对数的发明者耐普尔曾说过:"我将尽自己最大的努力,将运算难度降低,减少运算量,很多人就是因为运算太复杂而对数学产生了恐惧。"

对数在实际运用中确实做到了简化运算,甚至在一些特定情况下,如对任意指数进行开方时,如果不运用对数,根本无法进行运算。

数学家拉普拉斯也曾说过:"对数的出现,使原来花费几个月才能完成

的运算，仅需要几天就可以完成。毫不夸张地说，对数的引入让天文学家的寿命成倍地延长。"因为天文学家需要经常进行特别复杂的运算。事实上，与数学相关的所有领域，都可以通过对数简化运算。

现如今，我们已经能够熟练地使用对数，对于它的简化作用也习以为常，要知道，在对数刚出现的时候，人们是多么惊叹它的巨大威力！

与耐普尔同时代的布利格发明了常用对数。他读完耐普尔的著作后说："耐普尔发明的对数非常新奇巧妙！真想立刻见到他！我还没有读过令人感到如此欣喜、惊叹的书呢！"

后来，他果然去苏格兰见到了耐普尔。据说，他见到耐普尔后迫不及待地说："我千里迢迢来到这里的唯一目的就是拜访你。我特别想知道你到底拥有怎样的聪明才智，才能发明出对数这个奇妙的工具！同时令我感到非常困惑的是，为什么以前的人没有想到，但当你发明了对数以后，它看起来又是那么简单！"

对数的强敌

在对数没发明以前,人们为了能快速计算,发明了一种可以把乘法运算变换成减法运算的表。具体而言,这种表是通过下面的恒等式得出来的:

$$ab = \frac{(a+b)^2}{4} - \frac{(a-b)^2}{4}$$

我们不难证明这个恒等式是对的。

通过上面的算式,很容易将乘法运算转换成减法运算。可以把各个数平方的 $\frac{1}{4}$ 制成表格,两个数的乘积相当于这两个数和的平方的 $\frac{1}{4}$,减掉它们差的平方的 $\frac{1}{4}$。这种表可以简化平方和平方根的运算,另外,还可以结合倒数表来简化除法运算。此表与对数表相比,优点是能够得到精确的结果,而不是一个近似值,但它的缺点也相当明显,在实际应用的场合中不如对数表方便。因为这种表每次只能用于两个数相乘,而对数表却可以一次求出多个数的乘积,还可以求任意次数的乘方,或者求任意指数的方根。比如我们在计算复利息时,使用 $\frac{1}{4}$ 平方表就行不通。

不过，即使已经发明了对数，上面那种$\frac{1}{4}$平方表仍然有人出版。1856年，由法国出版的平方表上有这样的话："利用这张1~10亿的数字平方表，可以非常方便地求出两个数乘积的准确值，它比对数表更加方便。（亚历山大·科萨尔）"即使到现在，依然有人在从事这项工作，他们可能不知道，很久以前就已经有这种表了。有人不止一次地拿着自己"发明"的这种表找到我，自以为是最新发明，其实不然，这种表早在300多年前就出现了。

不只以上的$\frac{1}{4}$平方表，对数还有很多"强敌"。一些参考书中有许多综合性的计算用表，包含丰富的内容。如，倒数、圆周长、圆面积、2~1000各数的平方、平方根、立方、立方根，等等。这些表都能使技术方面的计算变得越发简便，但由于自身的局限性，有时并不实用，而对数表的应用却非常广泛。

对数表的进化

以前的学校大多用5位的对数表，但对于一般的技术运算，4位对数表就足够用，所以现在都换成4位的了。其实对于大部分技术计算，3位对数表基本上也够用。

1624年，英国伦敦数学家亨利·布利格编写出第一个常用的14位对数表。几年后，荷兰数学家安特里安·符拉克在几年后又编写出10位对数表。此后，又有人在1794年编写出7位对数表。

由此可见，尾数越来越短是对数表的演化趋势，因为计算的准确程度总是比量度的准确程度低。此外，尾数变短还带来两个重要的影响：一是大幅减少了表的篇目，一个7位对数表篇幅有200页，而5位对数表只需30页，4位的只需要2～3页，3位仅需要1页；二是使用起来更加方便，提高运算速度。同一种计算，用5位对数表所用的时间，是用7位对数表时间的一半。

对数"巨人"

在生活中，3位和4位对数表足够我们使用，但在理论研究方面却远远不够，有时会用到14位以上的对数表。由于绝大多数对数都是无理数，所以无论用多少位数字都不能将其准确表述出来。也就是说，对绝大多数对数而言，无论取多少位都是近似值。当然，尾数越多，越接近真实值。对许多科学研究来说，有时连14位对数的精密度也达不到相应的要求①。

从对数表问世以来，已经有多达500种对数表。在诸多表中，总有一种能够满足科研人员的需求。比如1795年，法国的卡莱编写了2~1200中所有数的20位对数表，可以说是对数中的奇观。如果一组数的范围比较窄，那么它的对数表的位数会更多。

接着，我们来认识对数中的几个"巨人"：帕尔克赫尔斯特编写的102位对数表、沙尔普编写的61位对数表、沃尔佛兰姆编写的10000以下各数的48位对数表。这些对数都不是常用对数，而是自然对数，即都是以$e=2.718\cdots$为底的对数。此外，还有亚当斯编写的260位对数表，这是一个非常壮观的对数表，但事实上并不是一个真正的表，而是使用2，3，5，7，10这5个数的自然对数和一个260位的换算因数，再使用乘法或加法运算换算成许多合数的常用对数。这也比较好理解，如，12的对数就是2，2，3这3个数的对数之和。

在研究对数奇观的时候，肯定要提到计算尺，它是一种非常灵巧的计算工具，操作起来方便快捷，在技术工作中使用非常普遍，就像人们常用的算盘一样。计算尺也是根据对数的原理设计出来的，但奇妙的是，使用的人可能完全不知道对数是何物。

---

① 布利格的14位对数表仅包含1~20000跟90000~101000中各数的对数。

舞台上的速算家

速算家可以在大庭广众之下表演令人感到无比惊奇的速算游戏。比如，你听说一位速算家能够轻易算出多位数的高次方根，然后你在家里花了很长时间计算出一个数的31次乘方，得出一个35位的数，然后你找到这位速算家说：

"你能将下面这个35位数的31次方根速算出来吗？我来读，你来写。"当你第一个数字还没来得及写出时，速算专家已经把答案写出来了。

明明还没开始读，速算专家就已经知道这个31次方根的答案，真的很不可思议。

其实，这并没有多么神奇，秘密在于只有13的31次方是35位数。大于13的数，它的31次方多于35位数；小于13的数，它的31次方少于35位数。

那么，速算专家是如何知道、如何计算出13的呢？事实上，他早就记住了前15至30个数的两位对数。这看起来好像并不那么容易，但按照下面的法则就简单多了：一个合数的对数就等于它素因数的对数之和。因此，只要记住2，3，7的对数，就可以得出前10个数的对数[①]；而后面的10个数，只需再记住11，13，17，19这4个数的对数就可以了。也就是说，下面的两位对数表（如表9-1所示）早已驻扎在这位速算家的心里了。

真数	对数	真数	对数
2	0.30	11	1.04
3	0.48	12	1.08
4	0.60	13	1.11
5	0.70	14	1.15
6	0.78	15	1.18
7	0.85	16	1.20
8	0.90	17	1.23
9	0.95	18	1.26
—	—	19	1.28

表9-1

速算家就是根据下面的式子，进行令人惊奇的表演：

$$\lg \sqrt[3]{35位数字} = \frac{34.L}{31}$$

这个对数的上、下限分别是 $\frac{34}{31}$ 与 $\frac{34.99}{31}$，也就是说，它大于1.09，小于

[①] $\lg 5 = \lg \dfrac{10}{2} = 1 - \lg 2$。

1.13。在这个范围内，只存在13这一个整数的对数1.11。即使这样，也需要心思敏捷，而且能够熟练运用对数，才可以快速说出答案。但是，从根本上来说，这的确不是很难。即便不能用心算，也可以在纸上计算出来，读者可通过下面的例子尝试一下。假如，朋友给你出了一道计算20位数的64次方根的题。

你根本不用知道这个20位数是多少，就能直接告诉他答案为2。

这是因为，由于 $\lg \sqrt[64]{20\text{位数字}} = \dfrac{19L}{64}$，所以这个数的对数应该比 $\dfrac{19}{64}$ 大，比 $\dfrac{19.99}{64}$ 小，也就是在0.29和0.32之间。在此范围内，只有一个整数的对数为0.30，就是2。

在你的朋友感到惊讶的时候，你还可以说，他让你计算的那个20位数就是著名的"国际象棋数"：

$$2^{64}=18446744073709551616。$$

你的朋友肯定会非常惊赞。

饲养场中的对数

【问题】人们将仅够维持牲畜基本机能运转所需要的最低分量饲料①称为"维持"饲料量ᵃ，主要用来给动物的内脏运动、体温消耗以及细胞的新陈代谢这三方面提供能量，与牲畜的表面积成正比。

如果一头公牛重630千克，它需要的"维持"饲料量所含的热量为13500卡，那么在其余条件相同的情况下，一头重420千克的公牛所需的最低热量是多少？

【解答】此问题既要用到代数，又要用到几何知识。将所需最低热量设为x，由于所求x和牲畜的表面积s成正比，则

$$\frac{x}{13500}=\frac{s}{s_1}$$

上式中，s_1是重630千克公牛的表面积。由几何知识可知，相似物体的表面积和对应长度的平方成正比，体积（或质量）和对应长度的立方成正比，

---

① "维持"饲料量与生产消耗饲料量不一样，生产消耗饲料量指的是牲畜成为产品时所需要的饲料量。

则
$$\frac{s}{s_1} = \frac{l^2}{l_1^2}$$

$$\frac{420}{630} = \frac{l^3}{l_1^3}$$

从而
$$\frac{l}{l_1} = \frac{\sqrt[3]{420}}{\sqrt[3]{630}}$$

进而
$$\frac{x}{13500} = \frac{\sqrt[3]{420^2}}{\sqrt[3]{630^2}} = \sqrt[3]{\frac{420^2}{630^2}} = \sqrt[3]{\frac{2^2}{3^2}}$$

因而
$$x = 13500\sqrt[3]{\frac{4}{9}}$$

查看对数表，得
$$x \approx 10300$$

即这头重420千克的公牛需要10300卡的最低热量。

音乐里的对数

有一些音乐家也很喜欢数学,虽然大多数音乐家都对数学比较疏远。事实上,音乐家有很多机会跟数学接触,而且还是接触到一些较复杂的对数,不单单是简单的数字。

一位物理学家曾经说过:我有一个喜爱弹钢琴的中学同学,他特别讨厌数学,觉得音乐和数学根本不相通。他甚至说:"尽管毕达哥拉斯发现了音乐的频率之比,但是毕达哥拉斯的音阶并不适用于我们的音乐。"

可以想见,当我跟他讲他每次弹钢琴时,其实弹的都是对数时,我的同学很不愿意承认自己的失败。等音程半音音阶中的每个"音程",不是依照音的频率,也不是依据波长等距离排列,而是依据这些数以2为底的对数来进行排列的。

假如最低八音度(我们称它为零八音度)的 do 音每秒振动 n 次,那么第一八音度的 do 音每秒会振动 $2n$ 次,第二八音度每秒会振动 $4n$ 次。以此类推,第 m 八音度的 do 音每秒会振动 $n \cdot 2^m$ 次。用 p 代表钢琴半音音阶中的某一个音调,用 o 代表每个八音度 do,那么 sol 为第7个音,la 就是第9个音,如此等等。

由于在等音程半音音阶中，后一个音的频率是前一个音的12^2倍，所以任何一个音的频率，都可以表示为下式：

$$N_{pm} = n \cdot 2^m \left(\sqrt[12]{2}\right)^p$$

其意义是第m个八音度里第p个音的音频。取上式两边的对数，得

$$\log N_{pm} = \log n + m\log 2 + p\frac{\log 2}{12}$$

也就是

$$\log N_{pm} = \log n + \left(m + \frac{p}{12}\right)\log 2$$

如若最低的do音频率是1，也就是$n=1$，然后把上面所有的对数都看成是以2为底的，就是相当于把$\log 2$看成1。所以上式就变成

$$\log_2 N_{pm} = m + \frac{p}{12}$$

综上可知：钢琴键盘上的号码正好与对应音调频率的对数①相等。式中m表示对数的首数，它代表音调位于第几个八音度；p②表示对数的尾数，它代表音调在该八音度中占多少位置。

拿第三个八音度中的sol音来说，它的频率是（$3+\frac{7}{12}$）（≈3.583），在该式中的3为这个频率以2为底的对数的首数，那么$\frac{7}{12}$（≈3.583）是这个频率以2为底的对数的尾数。所以，sol音的频率是最低八音度中do音频率的$2^{3.583}$≈11.98倍。

---

① 该对数需要用 12 乘过。

② 这个数必须被 12 除过。

对数、噪声与恒星

读者可能会感到奇怪，因为乍一看，本节标题中的几个东西好像没有什么关联。事实上，将恒星与噪声放在一起，我想告诉读者朋友们的是，对数跟恒星与噪声都有着密切的联系。因为恒星的亮度与噪声的响度一样，都需要用对数来进行度量。

天文学家依据视觉所辨别出的亮度，把恒星分成一等星、二等星、三等星等。对于我们普通人而言，连续排列的恒星就像是代数中的每一项级数。

但是，它们的物理亮度（客观亮度）却是按照别的规律变化的。准确地说，它们的物理亮度是公比为 $\dfrac{1}{2.5}$ 的几何级数。不难理解，恒星物理亮度的对数，准确地说是负对数，就代表了等级。如，一等星比三等星亮 $2.5^{(3-1)}$ 倍，即6.25倍。就是说，天文学家是用以2.5为底的对数表来表示恒星的视觉亮度，在此就不再做其余的讨论。读者朋友如果感兴趣的话，可以参考本系列丛书中的《趣味天文学》一书。

噪声的响度也可以通过此方法来度量。噪声影响着工人的身心健康与工作效率，人们便想办法测量出它的响度到底是多少。我们通常用"贝尔"作响度的单位，但是用得最多的是它的 $\frac{1}{10}$，也就是"分贝"（1贝尔=10分贝）。如1贝尔、2贝尔等，我们通常都说成是10分贝、20分贝等。对人的耳朵来说，连续的响度就像是一个算术级数。但是，噪声的"强度"或者说能量，却是一个公比为10的几何级数。就像两个噪声的响度虽然只差1贝尔，但它们的强度却相差10倍，也就是噪声的响度正好等于强度或能量的常用对数。读者可以通过以下几个例子来了解一下。

树叶沙沙声的响度是1贝尔，人大声说话的响度是6.5贝尔，狮子大吼的响度是8.7贝尔。由此可以得出：大声说话的强度是树叶沙沙声的$10^{(6.5-1)}=10^{5.5}=316000$倍；狮子大吼的强度是大声说话的$10^{(8.7-6.5)}=10^{2.2}=158$倍。

如果噪声的响度超过8贝尔，对人体机能就会有伤害。但在很多工厂中，噪声的响度却远远超过这个指标，如锤子打在钢板上的噪音响度是11贝尔。这些噪声的强度通常比可忍受的强度高100倍甚至1000倍。尼亚加拉大瀑布最喧闹的地方，噪声的响度仅仅为9贝尔。

无论衡量恒星的视觉亮度，还是衡量噪声的响度，在感觉与刺激的数量之间存在着对数关系，这并非偶然。事实上，它们都是由"费赫纳尔心理物理学定律"所决定的，即感觉的数量与刺激数量的对数成正比。

所以我们可以说，心理学领域也存在对数关系。

灯丝的温度问题

【问题】与金属材料灯丝的真空灯泡相比，充气电灯泡发出的光要更亮一些，这是因为两种灯泡灯丝的温度不同。根据物理学定律，白炽物体发出的光线总量与绝对温度（从-273℃开始算起的温度）的12次方成正比。题目：如果一个充气灯泡灯丝的绝对温度是2500K，一个真空灯泡灯丝的绝对温度是2200K，那么前者要比后者发出来的光强多少倍？

【解答】将这个倍数设为x，可列方程如下

$$x = \frac{2500^{12}}{2200^{12}} = \left(\frac{25}{22}\right)^{12}$$

两边取对数

$$\lg x = 12(\lg 25 - \lg 22) = 4.6$$

即充气灯泡比真空灯泡发出来的光强4.6倍。也就是说，在同样的条件下，如果真空灯泡发出的光线相当于50支蜡烛的光，则充气灯泡发出的光线相当于230支蜡烛的光。

【问题】在上题中，如果要求电灯的亮度加倍，那么绝对温度应该提高

多少（百分比）？

【解答】将提高的百分比设为x，则有
$$(1+x)^{12}=2$$

两边取对数，可得
$$12\lg(1+x)=\lg 2$$

得出
$$x=0.06=6\%$$

【问题】如果灯丝的绝对温度提高1%，灯泡的亮度会提高多少（百分比）？

【解答】将提高的亮度设为x，可得
$$x=1.01^{12}$$

两边取对数，得出
$$x=1.13$$

即灯泡的亮度提高了13%。

此题中，如果绝对温度提高2%，灯泡的亮度就会提高27%；如果绝对温度提高3%，亮度就会提高43%。

这就是为什么人们千方百计地想提高灯丝的温度，哪怕灯丝温度稍微提高1℃~2℃，灯泡的亮度就会提高很多。

遗嘱里的对数

很多读者都知道那位象棋发明者被奖赏的麦粒数目,那个数目就是在1的基础上,不断地累乘2得出来的。在第一个棋盘格里放1粒麦子,第二个棋盘格里放2粒,此后每个棋盘格里所放的麦粒数都是前面那个格里麦粒数的2倍,直到最后的第64个格。

事实上,就算不在每个棋盘格里加倍,只加一个小得多的倍数,也会得到一个非常大的数字。比如,一笔钱每年有5%的利息,即下一年的钱数是今年的1.05倍,乍一看好像不多,但如果时间过得久了,这笔钱将成为巨款。美国著名政治家富兰克林曾立过一份遗嘱,大致内容如下:

把我财产中的1000英镑赠送给波士顿的居民。如果他们接受这笔钱,我希望他们把这笔钱以每年5%的利息借给手工业者们,让这笔钱继续生息。这样的话,100年之后,这笔钱会变成131000英镑。那时,可以拿出100000英镑建造一所公共设施,剩下的钱继续按5%的利率生息。再过100年,这些钱会变成4061000英镑,到那时再将其中的1061000英镑给波士顿的居民,由他们自由支配,剩下的3000000英镑给马萨诸塞州的公民管理。再之后如何支配这些钱，我就不管了。

虽然富兰克林只留下1000英镑，却列出几百万英镑的支配计划，而且无须怀疑能否实现。下面，我们来利用数学计算进行求证。

他留下的1000英镑，如果年利率是5%，100年后会有

$$x=1000\times 1.05^{100}$$

两边取对数，得

$$\log x=\log 1000+100\log 1.05\approx 5.11893$$

解得

$$x=131000$$

第二个100年后，31000英镑会变为

$$y=31000\times 1.05^{100}$$

同理，得

$$y=4076500$$

此结果与上述遗嘱稍有出入，不过相差很小。

在萨尔蒂科夫·谢德林的《戈洛夫廖夫老爷们》一书中，有一个问题如下，希望读者自己来解答。

"波尔菲里·弗拉基米洛维奇独自坐在办公室里，不停地在纸上计算着什么。他在计算自己出生时，爷爷给了100卢布，如果这些钱没有花掉，而是以自己的名义存在当铺里，现在该有多少钱？他算出的数值不是很多，共有800卢布。"

假设当时波尔菲里50岁，而且他的计算方法正确，当时那个当铺的利率是多少？

持续增长的资金

把一笔钱存到银行,每年将利息合到本金里,合并的次数越多,可产生利息的钱数就越多,这笔钱增加的速度也越快。

假设存到银行100卢布,年利率是100%,一年结束后把利息合到本金中,一年后,这笔钱会变成200卢布。如果每半年就把利息合到本金中,一年后会变成多少钱?首先,半年后总钱数为

$$100 \times 1.5 = 150（卢布）$$

又过了半年,总钱数为

$$150 \times 1.5 = 225（卢布）$$

如果合并利息间隔的时间再短一些,比如$\frac{1}{3}$年,那么一年后,这笔钱会变成

$$100 \times \left(1 + \frac{1}{3}\right)^3 \approx 237.03（卢布）$$

如果再将合并时间缩短,比如0.1年、0.01年、0.001年,那么一年后,这100卢布将分别变成:

$$100 \times (1+0.1)^{10} \approx 259.37 \text{（卢布）}$$
$$100 \times (1+0.01)^{100} \approx 270.48 \text{（卢布）}$$
$$100 \times (1+0.001)^{1000} \approx 271.69 \text{（卢布）}$$

通过高等数学的方法可以得出一个极限值，也就是说，即便利息合并到本金中的时间无限变短，这100卢布也不会无限增加下去，将会达到一个极值，约为271.83卢布，即如果年利率是100%，无论将利息合并到本金的时间缩短到什么程度，最后所得的钱数也不会超过本金的2.7183倍。

奇妙的无理数"e"

上节中我们得到一个数字2.7183…，它是一个无理数，在高等数学中起着至关重要的作用，一般用e来标记，并用下面的级数来求它的近似值：

$$1+\frac{1}{1}+\frac{1}{1\times 2}+\frac{1}{1\times 2\times 3}+\frac{1}{1\times 2\times 3\times 4}+\frac{1}{1\times 2\times 3\times 4\times 5}+\cdots$$

在上节关于存款按复利方式增长的例子中，我们得知e就是式子

$$\left(1+\frac{1}{n}\right)^n$$

在n趋于无限大时的极限值。

鉴于很多无法详述的原因，我们把e作为自然对数的底非常方便。

自然对数表很久以前就有，并在科学技术中起到非常重要的作用。我们在前面讲到了48位、61位、102位，甚至260位的对数"巨人"，都是将e作为底的对数。

此外，数e还总是在意想不到的地方出现，比如这个问题：如果想把数a分为若干份，怎样分才能使每一份的乘积最大？

前面已经讲过，如果和为定值的一组数，当这组数中的每个数都相等时，它们的乘积为最大值。因此，这里的a需要平均分，应该怎样分呢？由高等数学的知识得知：当分成的每一份同e最接近时，乘积可以得到最大值。

例如，设a等于10，应该如何平均分？我们可以先求出e除a的商，得

$$\frac{10}{2.718\cdots}=3.678\cdots$$

由于一个数不可能被分成3.678⋯份，所以取最接近此数的整数，即4。

因此，分成的每一份为$\frac{10}{4}$，也就是2.5时，各项乘积最大，这4份的乘积为

$$2.5^4=39.0625$$

可以验证此结论是否正确，如果把10平均分成3份或5份，得出的乘积分别为

$$\left(\frac{10}{3}\right)^3=37 \qquad \left(\frac{10}{5}\right)^5=32$$

显然，它们的结果都比前面小。

如果a等于20呢？那么就得平均分为7份，原因是

$$\frac{20}{2.718\cdots}\approx 7.36$$

如果 a 等于50，就分为18份；如果 a 等于100，就分成37份。原因是

$$\frac{50}{2.718\cdots} \approx 18.4$$

$$\frac{100}{2.718\cdots} \approx 36.8$$

数 e 不仅在数学领域，在物理学、天文学和其他领域中都发挥着至关重要的作用。比如在下面的问题中，经常会用到数 e：计算火箭速度的奥尔科夫斯基公式，放射性元素的衰变，气压随高度不同而发生变化的公式，欧拉公式，细胞的增殖问题，摆锤在空气中的摆动，物体的冷却规律，地球年龄，线圈中的电磁振荡等等。

利用对数来"证明"2>3

【问题】我们在第八章中见识了一些数学中的闹剧，对数中同样存在这种情况。前文中我们证明过不等式"2>3"，下面我们用对数来"证明"这个不等式。显然，下面的不等式

$$\frac{1}{4} > \frac{1}{8}$$

是正确的，将其变换如下

$$\left(\frac{1}{2}\right)^2 > \left(\frac{1}{2}\right)^3$$

这仍然是正确的。由于大数的对数也大，所以

$$2\lg\left(\frac{1}{2}\right) > 3\lg\left(\frac{1}{2}\right)$$

两边都把 $\lg\left(\frac{1}{2}\right)$ 约掉，得到

$$2>3$$

为什么会得出一个错误的不等式，究竟在哪里出错了呢？

【解答】事实上，前面的变换和取对数都没有错，错在约掉 $\lg\left(\frac{1}{2}\right)$ 这一步。由于 $\lg\left(\frac{1}{2}\right)$ 是一个小于0的数，所以约掉它的时候要改变不等式的符号，但在计算中却没有这样做。

用三个数字2表示任意数

【问题】在这本书的最后，我们用一个极其巧妙的代数题来结束内容：

请用3个2和任意数学符号表示一个任意正整数。

【解答】先来看此问题的特例。

假设这个数为3，可得

$$3 = -\log_2 \log_2 \sqrt{\sqrt{\sqrt{2}}}$$

该等式比较容易证明：

$$\sqrt{\sqrt{\sqrt{2}}} = \left[\left(2^{\frac{1}{2}}\right)^{\frac{1}{2}}\right]^{\frac{1}{2}} = 2^{\frac{1}{2^3}} = 2^{2^{-3}}$$

$$\log_2 \sqrt{\sqrt{\sqrt{2}}} = \log_2 2^{2^{-3}} = 2^{-3}$$
$$-\log_2 2^{-3} = 3$$

同理，若该数为5，可得：

$$5 = -\log_2 \log_2 \sqrt{\sqrt{\sqrt{\sqrt{\sqrt{2}}}}}$$

总之，若该数为N，可得：

$$N = -\log_2 \log_2 \underbrace{\sqrt{\sqrt{\sqrt{\sqrt{2}}}}}_{N层根号}$$

观察可发现，上式中根号的层数正好等于这个数的值。